企业应急管理与预案编制系列读本

U0288659

危险化学品事故
应急管理与预案编制

企业应急管理与预案编制系列读本编委会　编

主　编　任彦斌

副主编　王　斌

中国劳动社会保障出版社

图书在版编目(CIP)数据

危险化学品事故应急管理与预案编制/《企业应急管理与预案编制系列读本》编委会编. —北京：中国劳动社会保障出版社，2015
（企业应急管理与预案编制系列读本）

ISBN 978-7-5167-1801-8

Ⅰ.①危… Ⅱ.①企… Ⅲ.①化学品-危险物品管理-事故-处理-方案制定 Ⅳ.①TQ086.5

中国版本图书馆 CIP 数据核字(2015)第 087835 号

中国劳动社会保障出版社出版发行

（北京市惠新东街1号 邮政编码：100029）

＊

北京金明盛印刷有限公司印刷装订 新华书店经销

880 毫米×1230 毫米 32 开本 8.75 印张 216 千字

2015 年 5 月第 1 版 2015 年 5 月第 1 次印刷

定价：25.00 元

读者服务部电话：(010) 64929211/64921644/84643933

发行部电话：(010) 64961894

出版社网址：http://www.class.com.cn

丛书编委会名单

佟瑞鹏　　杨　勇　　任彦斌　　王一波　　杨晗玉

翁兰香　　曹炳文　　刘亚飞　　秦荣中　　刘　欣

徐孟环　　秦　伟　　王海欣　　王　斌　　李春旭

万海燕　　王文军　　郑毛景　　杜志托　　张　磊

李　阳　　董　涛　　王　岩

本书主编　任彦斌

副主编　王　斌

内 容 提 要

本书为"企业应急管理与预案编制系列读本"之一，根据新修订的《中华人民共和国安全生产法》要求，紧扣企业危险化学品安全事故应急预案编制方法这一中心，全面介绍事故应急管理和技术处置知识，旨在提高企业危险化学品事故的应急能力，规范应急操作程序和指导应急预案编制。

本书主要内容包括：危险化学品事故概述，危险化学品事故应急救援工作体系，危险化学品事故应急预案编制，应急教育、培训和演练，危险化学品事故应急响应，危险化学品事故应急处置与救援。

本书可作为安全生产监督管理人员、行业安全生产监督管理人员、企业安全生产管理人员、企业应急管理和工作人员、其他与应急活动有关的专业技术人员读本，还可作为企业从业人员知识普及用书。

我国最新修订的《安全生产法》与《职业病防治法》均明确规定，各级政府与部门、各类行业与生产经营单位要制定生产安全事故应急救援预案，建立应急救援体系。《安全生产"十二五"规划》（国办发〔2011〕47号）中也再次明确要求：要"推进应急管理体制机制建设，健全省、市、重点县及中央企业安全生产应急管理体系，完善生产安全事故应急救援协调联动工作机制"。建立生产安全事故应急救援体系，提高应对重特大事故的能力，是加强安全生产工作、保障人民群众生命财产安全的现实需要。对提高政府预防和处置突发事件的能力，全面履行政府职能，构建社会主义和谐社会具有十分重要的意义。

随着我国经济飞速发展，能源和其他生产资料需求明显加快，各类生产型企业和一些新兴科技产业规模越来越大，一旦发生事故，很可能造成重大的人员伤亡和财产损失。我国的安全生产方针是"安全第一、预防为主、综合治理"，加强生产安全管理，提高安全生产技术，做好事故的预防工作，可以避免和减少生产安全事故的发生。但同时，应引起企业高度重视的问题是一旦发生事故，企业应如何应对，如何采取迅速、准确、有效的应急救援措施来减少事故发生后造成的人员伤亡和经济损失。目前，我国正处于经济转型期，安全生产形势日益严峻，企业迫切需要加快应急工作进程，加强应急救援体系的建设。该项工作已成为衡量和评价企业安全的重要指标之一。事故应急救援是一项系统性和综合性的工作，既涉及科学、技术、管理，又涉及政策、法规和标准。

为了提高生产经营企业应对突发事故的能力，我们特组织有关行业、企业主管部门及高校与科研院所的专家，编写出版了"企业应急管理与预案编制系列读本"。本系列读本紧扣行业企业生产安全事故应急管理和预案编制工作这一中心，将事故应急工作中的行政管理和技术处置知识有机结合，指导企业提高生产安全事故现场应急能力与技术水平，规范应急操作程序。系列读本突出实用性、可操作性、简明扼要的特点，以期成为一部企业应急管理和工作人员平时学习、战时必备的实用手册。各读本在编写中注重理论联系实际，将国家有关法律法规和政策、相关专业机构和人员的职责、应急工作的程序与各类生产安全事故的处置有机结合，充分体现"预防为主、快速反应、职责明确、程序规范、科学指导、相互协调"的原则。

本套丛书在编写过程中，听取了不少专家的宝贵意见和建议。在此对有关单位专家表示衷心的感谢！本套丛书难免存在疏漏之处，敬请批评指正，以便今后补充完善。

目 录
CONTENTS

第四章 应急教育、培训和演练

第五章 危险化学品事故应急响应

第六章 危险化学品事故应急处置与救援

第一章
危险化学品事故概述

随着化学工业的迅速发展，化学品的生产和使用日益广泛，品种和产量大幅度增加。许多化学品具有一定的危险性，在生产、使用、储存和运输过程中，都有可能对人体产生危害，甚至危及人的生命安全和造成巨大灾难性事故。如1984年在印度博帕尔市发生的大量氰化物泄漏事件，造成50万人中毒，2万人死亡，举世震惊。近几年我国由于危险化学品引起的重大事故，也时有发生。这些事故不仅给企业造成重大经济损失，而且给社会造成不良影响。因此对于加强危险化学品的管理，防止各类意外事故的发生，无论对于各级管理人员，还是各岗位操作人员，都是十分重要的。

我国是化学品生产和使用大国。改革开放以来，化学工业快速发展，已形成了包括化肥、无机化学品、纯碱、氯碱等产业，可生产45 000余种化学产品。我国一些主要化工产品产量已位于世界前列，如化肥、染料产量位居世界第一，农药、纯碱产量位居世界第二，硫酸、烧碱产量位居世界第三。但也存在以下不利因素：受生产力发展水平和从业人员素质等因素的制约和影响，危险化学品安全生产基础比较薄弱；危险化学品事故具有突发性、易给社会带来不安定因素等特性；近年来，一些犯罪分子、恐怖分子也利用危险化学品进行投毒或其他危害社会的破坏活动。以上各种因素，决定了危险化学品安全生产工作任重道远，安全生产形势非常严峻。

第一节　危险化学品分类

具有易燃、易爆、有毒、有腐蚀性等特性，会对人（包括生物）、设备、环境造成伤害和侵害的化学品称为危险化学品。

危险化学品在不同的场合，名称或者称呼是不一样的，如在生产、经营、使用场所统称为化工产品，一般不单称危险化学品；在运输过程中，包括铁路运输、公路运输、水上运输、航空运输都称为危险货物；在储存环节，一般又称为危险物品或危险品。当然作为危险货物、危险物品，除危险化学品外，还包括一些其他货物或物品。

在我国的法律法规中，危险化学品的称呼也不一样，如在《中华人民共和国安全生产法》（以下简称《安全生产法》）中称为"危险物品"，在《危险化学品安全管理条例》中称为"危险化学品"。

化学品危险性分类是化学品安全管理的基础，《作业场所安全使用化学品公约》（国际劳工组织第 170 号公约）和《工作场所安全使用化学品规定》（以下简称《规定》）都明确提出，供货人必须对生产和经销的化学品在充分了解其特性并对现有资料进行查询的基础上，进行危险性分类和危险性评估；提供还未分类的化学品的供货人，应查询现有资料，依据其特性对化学品进行识别、评价，以确定是否为危险化学品。国际上普遍采用的分类系统是《联合国关于危险货物运输的建议书》中提出的分类方法，根据该分类方法我国也制定了 2 项国家标准：GB 6944—2012《危险货物分类和品名编号》和 GB 13690—2009《化学品分类和危险性公示　通则》。依据这 2 项标准，可对一般化学品进行分类。

一、分类标准和规则

国家标准《危险货物分类和品名编号》将危险化学品分为9类,《化学品分类和危险性公示 通则》参考其前8类作为该标准的内容,在此对9类危险化学品做详细介绍。

1. 第一类:爆炸品

本类化学品是指在外界作用下(如受热、受压、撞击等),能发生剧烈的化学反应,瞬时产生大量的气体和热量,使周围压力急骤上升,发生爆炸,对周围环境造成破坏的物品,也包括无整体爆炸危险,但具有燃烧、迸射及较小爆炸危险,或仅产生热、光、音响、烟雾等一种或几种作用的烟火物品。

爆炸性是一切爆炸品的主要特性,这类物品都具有化学不稳定性,在一定外界因素的作用下,会进行猛烈的化学反应,主要有以下四个特点:

(1)化学反应速度极快。一般以万分之一秒的时间完成化学反应,因为爆炸能量在极短时间放出,所以具有巨大的破坏力。

(2)爆炸时产生大量的热。这是爆炸品的主要来源。

(3)产生大量气体,造成高压。形成的冲击波对周围建筑物有很大的破坏性。

(4)对撞击、摩擦、温度等非常敏感。

任何一种爆炸品的爆炸都需要外界供给它一定的能量——起爆能。某一爆炸品所需的最小起爆能,即为该爆炸品的敏感度。敏感度是确定爆炸品爆炸危险性的一个非常重要的指标,敏感度越高,则爆炸危险性越大。

有的爆炸品还具有一定的毒性,如梯恩梯、硝化甘油、雷汞等都具有一定的毒性,与酸、碱、盐、金属发生反应。

有些爆炸品与某些化学品如酸、碱、盐发生化学反应,反应的生成物则是更容易爆炸的化学品。例如,苦味酸遇某些碳酸盐能反应生成更易爆炸的苦味酸盐；苦味酸盐受铜、铁等金属撞击，立即发生爆炸。

由于爆炸品具有以上特性，因此在储运中要避免摩擦、撞击、颠簸、震荡，严禁与氧化剂、酸、碱、盐类、金属粉末和钢材料器具等混储混运。

2. 第二类：压缩气体和液化气体

本类化学品是指压缩，液化或加压溶解的气体，并应符合下述两种情况之一者：

(1) 临界温度低于50℃或在50℃时，其蒸气压力大于294 kPa的压缩或液化气体。

(2) 温度在21.1℃时，气体的绝对压力大于275 kPa，或温度在54.4℃时，气体的绝对压力大于715 kPa的压缩气体；或温度在37.8℃时，雷德蒸气压大于275 kPa的液化气体或加压溶解气体。

按其性质可分为以下3项。

第1项：易燃气体。

第2项：不燃气体。

第3项：有毒气体（毒性指标同第六类）。

3. 第三类：易燃液体

本类化学品是指易燃的液体，液体混合物或含有固体物质的液体，但不包括由于其危险性已列入其他类别的液体。其闭杯闪点等于或低于61℃，按闪点高低分为以下3项。

第1项：低闪点液体。指闭杯闪点低于−18℃的液体。

第2项：中闪点液体。指闭杯闪点在−18～23℃的液体。

第3项：高闪点液体。指闭杯闪点在23～61℃的液体。

4. 第四类：易燃固体、自燃物品和遇湿易燃物品

第1项：易燃固体。本项化学品是指燃点低，对热、撞击、摩擦敏感，易被外部火源点燃，燃烧迅速，并可能散发出有毒烟雾或有毒气体的固体，但不包括已列入爆炸品的物质。

第2项：自燃物品。本项化学品是指自燃点低，在空气中易于发生氧化反应，放出热量，而自行燃烧的物品。

第3项：遇湿易燃物品。本项化学品是指遇水或受潮时，发生剧烈化学反应，放出大量的易燃气体和热量的物品。有些易燃物品不需明火，即能燃烧或爆炸。

5. 第五类：氧化剂和有机过氧化物

第1项：氧化剂。本项化学品是指处于高氧化状态，具有强氧化性，易分解并放出氧和热量的物质。包括含有过氧基的无机物，其本身不一定可燃，但能导致可燃物的燃烧；与粉末状可燃物能组成爆炸性混合物，对热、震动和摩擦较为敏感。

第2项：有机过氧化物。本项化学品是指分子组成中含有过氧键的有机物，其本身易燃易爆、极易分解，对热、震动和摩擦极为敏感。

6. 第六类：毒害品和感染性物品

第1项：毒害品。本项化学品是指进入机体后，累积达一定的量，能与体液和组织发生生物化学作用或生物物理作用，扰乱或破坏机体的正常生理功能，引起暂时性或持久性的病理改变，甚至危及生命的物品。具体指标如下。

（1）经口：$LD_{50} \leqslant 500$ mg/kg（固体），$LD_{50} \leqslant 2\,000$ mg/kg（液体）。

（2）经皮（24 h 接触）：$LD_{50} \leqslant 1\,000$ mg/kg。

（3）吸入：$LC_{50} \leqslant 10$ mg/L（粉尘、烟雾、蒸气）。

第2项：感染性物品。本项化学品是指含有致病的微生物，能引起病态，甚至死亡的物质。

7. 第七类：放射性物品

本类化学品是指放射性比活度大于 7.4×10^4 Bq/kg 的物品。

这些物品具有放射性，放射性物质放出的射线可分为四种：α射线，也称为甲种射线；β射线，也称为乙种射线；γ射线，也称为丙种射线；还有中子流。各种射线对人体的危害都较大。许多放射性物品的毒性很大，不能用化学方法中和使其不放出射线，只能设法把放射性物质清除或者用适当的材料予以吸收屏蔽。

8. 第八类：腐蚀品

本类化学品是指能灼伤人体组织并对金属等物品造成损坏的固体或液体。与皮肤接触在 4 h 内出现可见坏死现象，或温度在 55℃ 时，对 20 号钢的表面均匀年腐蚀超过 6.25 mm 的固体或液体。该类化学品按化学性质分为 3 项：第 1 项为酸性腐蚀品；第 2 项为碱性腐蚀品；第 3 项为其他腐蚀品。

9. 第九类：杂项危险物品

杂项危险物品包括危害环境物质、高温物质、经过基因修改的微生物或组织等。其中最主要的是危害环境物质。

二、分类程序

危险化学品的分类程序如图 1—1 所示。

三、混合物危险性分类

上述分类程序和方法适用于任何化学品，包括纯品和混合物。但对混合物，发现品名表中其种类很少，其他资料中又缺乏基本数据，由于混合物在生产、应用、流通领域中相当普遍，加之品种多、商业存在周期短，而某些危险性试验如急性毒性试验周期长、费用高，故全面试验并不现实。国外资料表明，急性毒性数据存在加和性，在难以得到试验数据的情况下，可以根据危害成分浓度的大小进行推算。

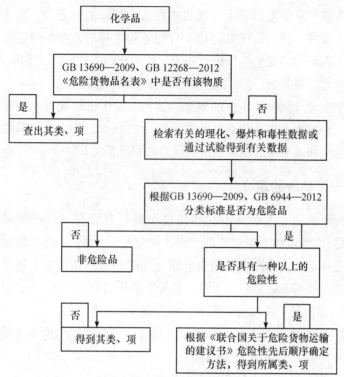

图1—1　危险化学品的分类程序

第二节　危险化学品事故定义

　　事故是指在生产活动过程中，由于人们受到科学知识和技术力量的限制，或者认识上的局限，当前还不能防止，或能防止但未有效控制而发生的违背人们意愿的事故序列。

　　危险化学品是指那些易燃、易爆、有毒、有害和具有腐蚀性的化学品。危险化学品是一把双刃剑，它一方面在发展生产、改变环境和改善生活中发挥着不可替代的积极作用；另一方面，当人们违背科学规律、疏于管理时，其固有的危险性将对人类生命、物质财产和生态环境的安全构成极大威胁。危险化学品的破坏力和危害性，已经引起世界各国、国际组织的高度重视和密切关注。

掌握危险化学品事故的概念、特点、发生机理及其致因等基本知识，有助于人们认识危险化学品事故的规律，防止此类事故的发生，避免和减少事故造成的人员伤亡和财产损失。

一、事故的定义

对于事故，人们从不同的角度出发对其会有不同的理解。在《辞海》中给事故下的定义是"意外的变故或灾祸"。会计师算错了账是工作事故，产品出了质量问题是质量事故，而在安全科学中所研究的事故则与之又有所不同，其关于事故的定义有：

1. 事故是可能涉及伤害的、非预谋性的事件。

2. 事故是造成伤亡、职业病、设备（或财产）的损坏或损失或环境危害的一个或一系列事件。

3. 事故是违背人的意志而发生的意外事件。

4. 事故是人（个人或集体）在为实现某种意图而进行的活动过程中，突然发生的、违反人的意志的、迫使活动暂时或永久停止的事件。

在上述定义中，定义 2 出自美国军用标准《系统安全工作要求》(MIL‑STD‑882C)，其发展过程充分体现了人类对于事故的认识过程，即从仅仅将事故定义为意外伤害，扩展到职业病、财产和设备的损坏、损失，直至对环境的破坏；而由伯克霍夫（Berckhoff）所给出的定义 4，则对事故做了较为全面的描述。

作为安全科学研究对象的事故，主要是指那些可能带来人员伤亡、财产损失的危险化学品的事故。于是可以对事故做如下的定义：

事故是指人们在生产、生活活动过程中突然发生的、违反人们意志的、迫使活动暂时或永久停止，可能造成人员伤害、财产损失、环境污染的意外事件。

二、危险化学品事故的定义

明确危险化学品事故的定义，界定危险化学品事故的范围，不但是事故预防、事故治理的需要，也是危险化学品安全生产的监督管理以及危险化学品事故的调查处理、上报和统计分析工作的需要。

一旦发生灾害性化学事故，就需要动员和组织社会力量迅速控制危险源，抢救受害人员和国家财产，组织群众自我防护、撤离、疏散，并消除危害后果。这个应急救援过程，称为化学事故应急救援。

危险化学品事故的后果通常表现为人员伤亡，财产损失或环境污染。

通过对危险化学品的定义与识别、危险化学品事故的特点及发生机理、危险化学品事故的判断等内容的研究，提出危险化学品事故的定义。

1. 定义危险化学品事故的目的

通过对危险化学品事故定义的研究，界定危险化学品事故的范围，以利于国家安监总局危化司对危险化学品安全生产的监督管理以及危险化学品事故的调查处理、上报和统计分析工作。

2. 危险化学品事故的界定

明确危险化学品事故的界定范围，有利于危险化学品事故的定义。界定危险化学品事故最关键的因素是判断事故中产生危害的物质是否是危险化学品。如果是危险化学品，那么基本上可以定为危险化学品事故。危险化学品事故的类型主要是泄漏、火灾、爆炸、中毒和窒息、灼伤等。某些特殊的事故类型，如矿山爆破事故，不列入危险化学品事故。下面三个特征有益于判断危险化学品事故：

（1）事故中产生危害的危险化学品是事故发生前已经存在的，

而不是在事故发生时产生的。

（2）危险化学品的能量是事故中的主要能量。

（3）危险化学品发生了意外的、人们不希望的物理或化学变化。

危险化学品事故的界定和危险化学品事故的定义是不同概念，就像危险化学品的定义和危险化学品的识别一样，识别一种化学品是否是危险化学品，不能靠定义，而要根据《危险货物品名表》（GB 12268—2012）。危险化学品事故的定义，只定义危险化学品事故的本质，而危险化学品事故的界定，需要一些限制性的说明。

3. 危险化学品事故的定义

构成危险化学品事故有两个必要条件，一是危险化学品，二是事故。其本质就是由危险化学品造成的事故。那么，危险化学品事故的最简明的定义就是：危险化学品事故是指由危险化学品造成的人员伤亡，财产损失或环境污染事故。

根据伯克霍夫的定义，危险化学品事故可以定义为：危险化学品事故是指人（个人或集体）在生产、经营、存储、运输、使用危险化学品和处置废弃危险化学品的活动过程中，突然发生、违反人的意志的、迫使活动暂时或永久停止的事件。

对上面定义的正确理解是："由危险化学品造成的事故"是指，事故中产生危害的物质主要是危险化学品，危险化学品是事故发生前已经存在的，而不是事故中产生的。

危险化学品事故类型应该体现危险化学品造成的事故的特点，危险化学品事故的典型类型是泄漏、火灾、爆炸、中毒和窒息、灼伤等。危险化学品事故的后果必然是造成了人员伤亡、财产损失、环境污染等后果中的一种或几种。危险化学品事故定义中最关键的词是"危险化学品"，因此有必要对"危险化学品"做简要的说明：危险化学品是指国家标准化管理委员会公布的《危险货物品名表》（GB 12268—2012）、国家安全生产监督管理总局公布的《危险化学品名录》和《剧毒化学品名录》中规定的危险化学品以及由国家有关部门公布的其他危险化学品。对以上未列入的危险化学品，如果确实具有危险性，那么应进行技术鉴定，最后由公安、环境保护、卫生、质检等部门确定。

第三节　危险化学品事故特点和危害

化学工业的迅猛发展，一方面给人类生活带来了巨大变化，促进了社会经济的发展；另一方面，由于大多数化学品具有危害性，也对人的生命、健康和生存环境构成了巨大威胁。世界各地接连不断发生的化学品爆炸、火灾和泄漏事故给社会造成了巨大损失。据统计，全世界每年因危险化学品事故所造成的损失超过 4 000 亿元人民币。所以，探索和总结危险化学品事故的特点和规律，提出有效的事故防范措施，对遏制事故的发生、减少事故造成的损失，具有很重要的意义。

一、危险化学品事故的主要特点

化工生产过程、生产流程长，工艺复杂，原料、中间产品、成品及废弃物都具有易燃、易爆或有毒、有害、腐蚀的特性，这些因素决定了危险化学品事故具有发生突然、扩散迅速、持续时间长、涉及面广、危害后果严重等 10 个特点。

1. 在各个环节都可能发生危险化学品事故

危险化学品从出生到消亡的整个过程涉及生产、使用、储存、经营、运输、废弃 6 个主要环节，每个环节都有发生事故的可能性，相比其他行业有很大的不同，如煤炭行业一般只有在生产环节易发生事故，而在其他环节相对不易发生事故。

2. 复杂性

化学品生产过程中，所使用的原材料、辅助材料、半成品和成品，绝大多数属易燃、可燃物质，另有许多物料是高毒和剧毒物质，在高温高压条件下，任何一个因素或方面有缺陷都可能引发燃烧、爆炸事故。造成事故的这些因素非常复杂，包括人的不安全行为、设备工具的隐患和缺陷、环境的不安全状态、管理的失误、反应失控等都可能导致事故的发生。

3. 突发性强

总体上说，事故都具有突发的特点，特别是危险化学品事故尤其明显。危险化学品本身的特性决定了它对温度、压力等参数的要求很严格。同时，危险化学品和其他物质之间还会发生化学反应，使系统温度或压力陡然升高，引发突发事故。

4. 扩散性

燃烧、爆炸、泄漏等很容易造成化学品扩散，有毒有害物质泄漏量大，涉及范围很广。如温州电化厂"7·13"爆炸事故，就有10.2 t液氯泄漏汽化，并呈 $60°$ 扇形向下风向扩散，波及范围 $7.35 \ km^2$。重庆天原化工厂爆炸事故，也造成氯气泄漏，方圆 1 km 范围内的 15 万群众被紧急疏散。同时，为预防用于冲释氯气的消防水可能造成的入江影响，暂时停止了江北水厂的取水。

5. 连锁性

化学品生产过程是一个系统的、连续的过程，系统中的各个因素如装置之间和物料反应等都相互制约、相互作用、相互关联、相互依存、相互影响。同时，生产过程和工艺技术复杂，运行条件异常苛刻，这些对化学品生产设备的制造、维护以及人员素质都提出了严格要求。一个微小的不正常的化学反应就可能引发一个特大的爆炸事故，一个设备的事故可能引发另一个工序的事故，一个工厂的事故可能殃及邻近工厂发生事故，一个小的失误就有可能导致灾难性后果，就像"多米诺骨牌效应"，引起连锁反应。

6. 在高温、高湿条件下易发

夏季气温高、雨水多，许多危险化学品受热、受潮后易发生分解，特别是性质不稳定而又容易分解的危险化学品，更易产生热量或释放出可燃气体，从而造成火灾或爆炸。据统计，夏季的化学品事故比较多发，所以每年在这个季节，政府有关部门和企业都会对危险化学品进行严密监管，加强防范，以防万一。

7. 伤害形式特殊

有些危险化学品事故通常是灾难性的事故，伤害形式特殊，后果非常严重。如 1984 年 12 月 3 日凌晨，美国联合碳公司位于印度中央邦首府博帕尔市的农药厂发生甲基异氰酸酯储罐泄漏，近 40 t 甲基异氰酸酯及其反应物从农药厂冲向天空，顺着每小时 7.4 km 的西北风向东南方向的市区飘去。霎时间，毒气弥漫，覆盖了 42 km 的市区范围。密度超过空气的高温甲基异氰酸酯蒸气迅速凝结成雾状，贴近地面飘逸，迅猛吞噬人、畜的生命。这起灾难造成 2 万人死亡，50 万人中毒。

8. 救援难度大

危险化学品方面的事故，既需要有专门的救援队伍，也需要专门的知识技能。有些危险化学品事故不仅动用了大量的消防干部，而且还动用了武警部队。

9. 广泛的社会性

化工生产厂区存在较高的火灾、爆炸、泄漏危险，当发生此类事故时，往往不仅是企业内部受到损害，而且企业外部的人员或社区居民也会受到伤害。

10. 经济损失大

发生任何事故都会造成经济损失，但是在危险化学品事故方面，其损失会更大。因为化工生产装置技术复杂，设备制造、安装成本高，装置资金密集，所以导致事故的损失巨大。1989 年 10 月 23 日，美国德克萨斯州菲利浦公司休斯敦化工总厂聚乙烯反应器检修中，由于可燃气体泄漏而发生爆炸,造成 23 人死亡,130 多人受伤,炸毁两套生产装置,损失达 7.5 亿美元。1998 年英国西方石油公司北海采油平台事故的直接经济损失达 3 亿美元。1997 年 6 月 27 日,北京东方化工厂油罐区作业人员由于误开阀门,使轻柴油进入了满载的石脑油罐,导致石脑油从罐顶气窗大量溢出,遇明火发生爆炸,造成 9 人死亡,39 人受伤,整个罐区全部毁坏,直接经济损失为 1.17 亿元人民币。

二、化学毒物的种类

化学毒物有 7 500 余种,但从上海市近 10 年的统计分析看,有毒气体或挥发性较强、汽化率较高的有毒液体主要有 21 种,化学危险品主要有 3 种。这些化学物品或储存量较大,或发生事故的概率较高,或致人死亡数较多。21 种重点毒物是氯、氨、一氧化碳、光气、硫化氢、二氧化硫、氰化氢、氯化氢、氮氧化物、氟化氢、氯乙烯、甲醇、苯、硫酸二甲酯、甲苯、丙烯氰、甲醛、苯乙烯、溴甲烷、二硫化碳、二异氰酸甲苯酯。3 种化学危险品是液化石油气、汽油、原油。

三、危险化学品的危害

1. 对人体健康的危害

在诸多的危险化学品中,有许多化学品具有一定的毒性。毒物可通过呼吸道、消化道和皮肤进入人体内,在工业生产中,毒物主要是通过呼吸道和皮肤进入人体内。

有毒物质对人体健康的危害,主要是引起中毒。职业中毒按其发病过程分为急性中毒、慢性中毒和亚急性中毒 3 种。毒物一次短时间内大量进入人体可引起急性中毒,小量毒物长期进入人体可引起慢性中毒,介于两者之间的称为亚急性中毒。由于接触的毒物不同,中毒后出现的症状也不相同。

除此之外，化学品灼伤也是化工生产中常见的职业性伤害，是化学物质对皮肤、黏膜刺激、腐蚀及化学反应热引起的急性损害，常见的致伤物有硫酸、盐酸等。某些化学物质在致伤的同时，可经过皮肤、黏膜吸收而引起中毒。

2. 火灾及爆炸危险

近年来，我国化工系统所发生的各类事故中，火灾和爆炸导致的人员死亡是各类事故之首，此外导致的直接经济损失也相当惨重。火灾与爆炸是许多危险化学品具有的特性。

火灾与爆炸都会带来生产设施的重大破坏和人员伤亡，但两者的发展过程明显不同。火灾是在起火后，火场逐渐蔓延扩大，随着时间的延续，损失数量迅速增长。而爆炸则是猝不及防，可能仅在1 s内，爆炸过程已经结束，设备损坏，厂房倒塌、人员伤亡都将在瞬间发生。

爆炸通常伴随着发热、发光、压力上升、真空和电离现象，具有很大的破坏作用，与爆炸物的数量和性质、爆炸的条件以及爆炸位置等因素有关，爆炸发生后也很容易引起火灾。

3. 环境污染危害

在危险化学品的生产、使用、储存、销售和运输，直至作为废物进行处理的过程中，由于操作失误或处理不当等，不仅会损害人类健康，而且还会对生态环境造成污染。有毒有害的化学品，主要是通过以下途径进入生态环境：

（1）在化学品的生产和使用过程中，作为化学污染物以废水、废气和废渣的形式排放到环境中。

（2）在化学品的生产和使用过程中，由于操作失误或发生突发性事故，致使大量有毒有害物质外泄进入环境中。

（3）石油、煤炭等燃料的燃烧过程、化学农药的使用以及家庭装饰等日常生活中直接排入或使用后作为废弃物进入环境中。

进入环境中的有毒有害化学物质，会对生态环境造成严重危害或潜在危害。如冷冻与空调设备释放出的氯氟烃气体，会造成大气臭氧层的破坏，引起地球表面紫外线辐射增强，使人的皮肤癌发病率上升。燃煤发电厂等排放的二氧化硫，会引起酸雨，而导致河流湖泊酸化，影响鱼类繁殖，甚至种群消失等。因此防止有毒有害化学品对人类生态环境的危害，是我国环境保护工作中亟待解决的重要问题。

第二章

危险化学品事故应急救援工作体系

国家危险化学品事故应急救援工作体系（见图2—1）建设分国家、省、地级市、县、企业五级化救体系；以公安消防队伍为主体，整合现有的公安消防、防化部队、化救中心、医疗卫生、环境保护、气象、交通、铁路、民航等应急救援力量，实现对化学品事故快速响应和高效救援的目的；建立和健全区域化学品事故应急医疗抢救中心；在中国石油集团公司、中国石化集团公司现有的区域联防基础上，组建区域化学品事故联防基地；建立和健全国家化学品事故应急救援通信信息保障、专家组、应急咨询专线、物质和装备保障等化学品事故应急救援支持保障系统。

第一节　危险化学品事故应急救援指挥体系

为了应对不断发生的重大事故，我国建立了较为完善的危险化学品事故应急救援指挥体系：

一是以国务院安全生产委员会（以下简称国务院安委会）为核心，由国家安全生产监督管理总局（国务院安委会办公室）与国务院有关部门和省级人民政府共同构成了安全生产应急救援协调指挥和领导决策层。

二是安全生产应急救援的协调指挥执行机构逐步建立起来。中

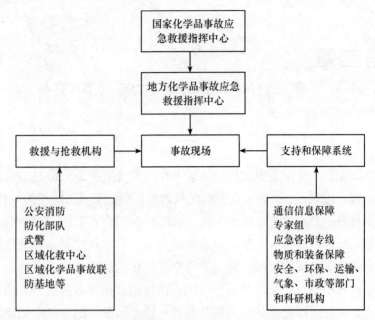

图 2—1　国家危险化学品事故应急救援工作体系

央机构编制委员会批准成立了由国家安全生产监督管理总局管理的
国家安全生产应急救援指挥中心，在国务院安委会办公室的领导下，
具体履行全国安全生产应急救援综合监督管理的行政职能，按照国
家安全生产突发事件应急预案的规定，协调、指挥安全生产事故灾
难应急救援工作。同时，国家安全生产监督管理总局将安全生产应
急管理的职能也交由国家安全生产应急指挥中心履行。国家安全生
产应急救援指挥中心下设矿山应急救援指挥中心，各省（区、市）
建立了矿山应急救援指挥中心，初步形成了国家、省级和企业三级
矿山应急救援指挥体系。一些部门的安全生产应急管理机构也逐步
建立起来。公安、交通、核工业、铁路、电力等部门的应急管理机
构不断健全、完善、强化；消防、海上搜救、核工业、铁路、民航、
电力等方面的应急救援指挥体系已经比较完善，特别是水上搜救、
铁路、民航等方面的应急救援指挥机构近年来又进行了调整和加强。

三是地方安全生产应急管理机构逐步建立。北京、河北、山西、吉林、安徽、贵州、四川等省（区、市）在安全生产监督管理局内设立了应急管理办公室，其中河南、重庆等省（区、市）还设立了安全生产应急救援指挥中心。四川、北京、天津等地的部分市（地）、县（市、区）还成立了安全生产应急管理机构。

四是以国家安全生产应急救援指挥中心为中枢，横向联合消防、海上搜救、铁路、民航、核工业、电力、旅游、特种设备和医疗救护9个专业应急救援指挥机构，纵向联合地方省级安全生产应急救援指挥机构，直接管理矿山和化工企业安全生产应急救援指挥机构，初步构成了省部级层面安全生产应急救援协调指挥体系框架。部委层面的应急救援协调机制也已初步建立起来。

五是一些大中型企业设立了专门负责应急管理和应急救援工作的机构。如中石化集团公司和神华集团公司健全了上下各级应急管理和应急救援指挥机构。南航建立了"应急指挥中心""应急现场小组""基地"和"外站"四个工作区域，利用各公司和各个海内外营业部（办事处）的人力、设备资源，实施应急处置。国家电网公司成立了大面积停电应急处置领导小组，应急领导小组下设办公室，同时规定各级电网调度机构是电网事故处理的指挥中心。中海油总公司成立了应急委员会，委员会下设办公室和资源协调行动组、公共关系法律组、后勤支持保障组、资金保障组。其他行业的一些企业如中国远洋运输（集团）总公司、中国核工业集团公司等单位，也都建立了自己的应急管理和应急救援指挥机构。

一、我国危险化学品事故现有应急救援力量的整合原则

1. 以消防部分为主体，公安、卫生等部门为辅的化学品事故应急救援体系格局。

在各种化学品事故应急救援力量中，公安消防部队具有资源装备优势，同时，这支队伍点多面广，机动性强；拥有119报警电话，

每天24 h处于执勤战备状态，随时可以迅速出击。按照"一队多用，专兼结合"的原则，由安全生产监督管理部门牵头，以消防部门为依托，整合社会资源，组建一支快速反应、机动性强、突击力强、装备优良的化学品事故应急救援队伍。

2. 政府组织牵头、协调，各部门积极参与，建立化学品事故应急救援联动机制。

各地方政府应积极参与化学事故应急救援过程，因地制宜，采取灵活有效的机制，结合当地应急救援力量的实际情况，建立以消防部队为主，医疗、公安、防化、企业化救力量配合，安监、环保、交通、民防、民政等部门协同，实现人员、装备、技术优势互补的应急救援联动机制。

另外，各级政府机构应建立化学品事故应急救援联席会议制度，负责组织协调化学品事故应急救援各项工作的顺利开展。

3. 安全生产监督管理部门牵头编制化学品事故应急救援预案，并定期举行集结、演练，使人员、装备、物质有机结合。

国家安全生产监督管理部门负责组织和协调参与化学品事故应急救援的各部门，编制切实可行的化学品事故应急救援预案，各企业和部门应从人、财、物等各方面予以落实和保障，并定期举行各部门联合演练，保证各部门预案的协调一致，达到应急救援队伍、装备、应急物资的有效结合。

4. 建设化学品事故应急救援联动平台，搭建化学品事故应急救援信息系统与技术网络。

利用现代通信、网络、安全管理等新技术，开发化学品事故应急救援联动平台，实现消防119、公安110、交通122、急救120、化救中心、安监、化学品事故应急咨询电话、企业消防力量、供水、供电、供气、供暖、市政、疾病防控、人防等单位的联动。根据化学品事故的类型、规模和各单位的职能，确定参加该系统各单位的责任、义务及联合行动时的关系。

二、政府应急指挥体系

在危险化学品事故中，政府应急指挥体系需要具备健全的应急机制、应对危险化学品突发事故的能力，以维护社会稳定，保障公众生命健康和财产安全，促进社会全面、协调、可持续发展。

政府应急指挥体系的工作原则是"统一领导、分类管理、属地为主、分级响应、以人为本"。

政府应急指挥体系包括领导机构、管理协调机构、有关类别专业指挥机构和专家组。

1. 领导机构

国务院是危险化学品事故的最高行政领导机构，负责领导超出事件发生地省（自治区、直辖市）人民政府危险化学品事故处置能力的应急指挥工作、跨省（自治区、直辖市）危险化学品事故应急指挥工作、需要国务院或者全国环境保护部级联席会议协调、指导的危险化学品事故的应急指挥工作。

各级地方政府负责领导在本辖区内的危险化学品事故应急指挥工作，对于超出事件属地本级指挥能力的，应及时向上一级政府提出请求。

2. 管理协调机构

依托国务院有关部门现有的应急救援调度指挥系统，建立完善矿山、危险化学品、消防、铁路、民航、核工业、海上搜救、电力、旅游、特种设备 10 个国家级专业安全生产应急管理与协调指挥机构，负责本行业或领域安全生产应急管理工作，负责相应的国家专项应急预案的组织实施，调动指挥所属应急救援队伍和资源参加事故抢救。依托国家矿山医疗救护中心建立国家安全生产应急救援医疗救护中心，负责组织协调全国安全生产应急救援医疗救护工作，组织协调全国有关专业医疗机构和各类事故灾难医疗救治专家进行应急救援医疗抢救。各省（区、市）根据本地安全生产应急救援工作的特点和需要，相应建立矿山、危险化学品、消防、旅游、特种设备等专业安全生产应急管理与协调指挥机构，是本省（区、市）安全生产应急管理与协调指挥系统的组成部分，也是相应的专业安全生产应急管理与协调指挥系统的组成部分，同时接受相应的国家级专业安全生产应急管理与协调指挥机构的指导。国务院有关部门根据本行业或领域安全生产应急救援工作的特点和需要建立海上搜救、铁路、民航、核工业、电力等区域性专业应急管理与协调指挥机构，是本行业或领域专业安全生产应急救援管理与协调指挥系统的组成部分，同时接受所在省（区、市）安全生产应急管理与协调指挥机构的指导，也是所在省（区、市）安全生产应急救援管理与协调指挥系统的组成部分。

3. 有关类别专业指挥机构和支持机构

在危险化学品事故应急指挥中，国务院有关部门依据有关法律、行政法规和各自的职责，贯彻落实国务院有关决定事项，为应急指挥领导机构提供各种援助和技术支持。

危险化学品事故应急指挥相关的国务院有关部门包括环保部、外交部、发展和改革委、教育部、科技部、国家民委、公安部、国家安全部、民政部、司法部、财政部、人力资源和社会保障部、国土资源部、交通运输部、工信部、水利部、农业部、商务部、文化部、卫生部、中国人民银行、国资委、海关总署、工商总局、质检总局、广电总局、体育总局、林业局、食品药品监管总局、安监总局、旅游局、宗教局、侨办、港澳办、台办、新闻办、新华通讯社、地震局、气象局、银监会、证监会、保监会、国家信访局、国家粮食局、国家海洋局、国家邮政局、国家外汇局等。

地方政府各相关专业部门根据危险化学品事故应急指挥工作的需求，为当地和国务院的应急指挥提供各种援助和技术支持。

4. 专家组

国务院和各应急管理机构建立各类专业人才库，可以根据实际需要聘请有关专家组成专家组，为应急管理提供决策建议，必要时参加突发危险化学品事故应急处置工作。

三、事故单位应急指挥体系

1. 领导机构

事故单位应急指挥领导机构的组成和职责如下。

（1）事故单位应急总指挥。事故单位应急总指挥应是本单位内的主要领导，通常为公司董事长、总经理，其职责是：

1）启动应急响应。

2）评估紧急状态，升降警报级别。

3）决定通报外部机构。

4）决定请求外部援助。

5）决定从本单位或其他部分撤离。

6）决定本单位外影响区域的安全性。

7）负责指挥组织本单位的应急救援工作。

（2）事故单位应急副总指挥。由公司主管生产、安全与环保的副总经理或总工担任，协助总指挥在应急响应、救援中负责具体指挥工作。应急总指挥出差或者有其他原因不能及时赶回现场时，副总指挥全权代理应急总指挥，处理危险化学品事故。

（3）成员。事故单位应急指挥领导机构的成员一般为单位生产、安全、环保、物资等重要部门的负责人，在事故应急处理过程中，他们参与应急救援的决策与协调工作，主要负责本部门在应急救援工作的职责和任务。

2. 工作机构

事故单位应急工作机构是应急办公室，直接隶属于领导机构，负责危险化学品事故信息接报、通知、信息传达、培训等事务性工作。

3. 支持机构

包括本单位内的技术支持机构（各类专业安全技术人才，包括消防、环保、公安、工艺、研发等）、救援机构，可以根据实际需要聘请有关专家组成专家组，为应急管理提供决策建议，必要时参加突发环境事件的应急处置工作。

第二节 事故单位应急机构体系

危险化学品事故单位应急机构体系按照事故应急的职能划分，由事故单位各常设或非常设的部门组成，主要包括本单位内的各有关部门，通常为环境应急部、消防灭火部、现场保卫部、通信联络部、生产指挥部、安全技术部、现场救护部、现场抢修部、物资供应部和生活后勤部十个部门。各个单位可根据具体情况进行调整，但是，调整后的应急机构职责应不少于下述内容，以满足应急工作需求。

一、消防灭火部

1. 对本单位关键装置要害部位、重点防火场所制定灭火抢救预案，为危险化学品事故应急处理提供依据。

2. 对接警出动情况、受灾场所、燃烧物质、火势做记录，并及时向本单位的总指挥报告。

3. 当在本单位内发生火灾时，积极参与本单位总指挥部的指挥工作。

4. 负责现场指挥灭火战斗或配合上级消防队进行灭火。

5. 火情侦察，查清水源位置、燃烧物质性质、范围及火灾类型；了解火势情况，查清是否有人被围困，并及时抢救。

6. 根据灭火需要，通知供水部门向消防管网加压、确保供水。

7. 根据应急指挥部的命令和火势情况，负责与上级消防部门协调及调动灭火力量。

8. 灭火战斗结束后及时补充器材，恢复战备状态，总结火场救灾经验教训。

9. 参加火灾、爆炸事故的调查处理工作。

二、生产指挥部

1. 负责指挥生产厂区或单元各车间做好工艺处理工作，防止事故进一步扩大、蔓延。

2. 做好水、电、风、蒸汽等动力平衡和供应工作，保证消防用水和生产装置的动力正常供给。

3. 调查了解装置发生事故及灾害的原因，提出抢险救灾的有效方案。

4. 负责组织恢复生产。

三、安全技术部

1. 及时了解事故及灾害发生原因及经过，检查装置生产工艺处理情况。

2. 检查消防设施和消防水等启用情况。

3. 检查消防和医疗救护人员是否到位以及防止事故蔓延扩大的措施落实情况。

4. 当发生重大火灾、爆炸时，组织清点在岗人员。

5. 配合消防、救护人员进行事故处理、救援。

6. 协同有关部门保护好现场，收集与危险化学品事故有关的证据，参加突发危险化学品事故调查处理。

四、现场救护部

1. 负责携带防护面具，赶往事故现场，选好停车救护地点。

2. 及时将受伤人员救护情况向指挥部报告。负责将中毒、窒息、受伤人员救离事故现场，必要时送到医院进行抢救。在医院救护车未到达之前，对伤者实施人工呼吸等必要的处理。

五、现场抢修部

1. 负责组织成立现场抢修队伍，配备好抢修工具。
2. 根据指挥部的命令，对危险部位及关键设施进行抢（排）险。
3. 协助组织做好恢复生产工作。

六、通信联络部

1. 负责赴现场接通电话，供应急指挥部使用。

2. 当有线通信设施遭受破坏时，及时采取措施，确保通信联络畅通。

3. 负责灾后有线通信设备全面检查修复，确保通信设施正常工作，以尽快恢复生产。

七、物资供应部

1. 根据指挥部的命令，及时组织事故及灾害抢险救灾所需物资的供应、调运。

2. 负责组织灾后恢复生产所需物资的供应和调运。
3. 做好平时抢险救灾物资的储备供应。

八、生活后勤部

1. 负责供应抢险救灾人员的食品和生活用品。
2. 负责受灾群众的安置和食品供应工作。

3. 负责损坏房屋及公共设施的修复工作。

九、环境应急部

1. 在危险化学品事故发生时，尽量保证污染治理设施正常运行。
2. 负责启动本单位内的环境应急监测。
3. 根据不同事故的类型，确定监测布点和频次。
4. 根据监测结果，决定疏散目标人群。
5. 与事故单位外应急反应人员、部门、组织和机构进行联络。

十、现场保卫部

1. 负责组织事故及灾害现场的保卫工作，设置警戒线，维护现场交通秩序，禁止无关人员进入。

2. 负责现场治安巡逻，保护现场，制止各类破坏骚乱活动，控制嫌疑人员。

3. 当出现易燃易爆、有毒有害物质泄漏，可能发生重大火灾爆炸或人员中毒时，根据应急指挥部的指令，通知人员立即撤离现场。同时禁止在警戒区范围内使用对讲机和移动电话、吸烟、发动机动车辆等。

4. 负责做好应急和救灾物资的保卫工作。

第三节　危险化学品事故救援人员防护体系

我国危险化学品事故应急救援体系正处于建立和发展阶段，目前担任此项工作任务的主要是各级政府相关职能部门，由于相对于发达国家起步较晚，尚待进一步加强与完善，因此对应急救援人员的安全防护就显得尤为重要。

在很多应急救援情况下，应急救援人员都会在有泄漏、爆炸、火灾等危险源的地方工作，因此，必须建立完备的救援人员防护体系。

一、应急救援人员现场着装和标志

应急救援人员穿戴防护服以防护火灾或有毒液体、气体等危害。使用防护服的目的是：保护应急救援人员在营救操作时免受伤害；在危险条件下应急救援人员能进行恢复工作；逃生。

为便于对救援现场各类人员的识别和指挥，参加应急救援的人员应在着装上有所区别，并佩戴特别通行证。

应急救援人员的现场着装和标志要求如下：

1. 总指挥应当戴橙色头盔，身穿橙色外衣，外衣前后印有"总指挥"的反射性字样。

2. 消防指挥应当戴红色头盔，身穿红色外衣，外衣前后印有"消防指挥"的反射性字样。

3. 公安指挥应当戴蓝色头盔，身穿蓝色外衣，外衣前后印有"公安指挥"的反射性字样。

4. 医疗指挥应当戴白色头盔，身穿白色外衣，外衣前后印有"医疗指挥"的反射性字样。

5. 事故单位的指挥人员，应当戴黄色头盔，身穿黄色外衣，外衣前后印有"指挥员"的反射性字样。

6. 医疗人员参加救援行动时，必须穿印有"急救"反光字样的白色急救工作服。

7. 公安局参加救援行动的人员着警服。

8. 消防队员着全套消防战斗服。

9. 其他单位参加救援行动人员着本岗位的服装。

二、救援人员防护及救援设备

1. 防护装备的分类

目前我国防护装备一般可分以下几类：

（1）一般工作服（衣裤相连的工作服或其他工作服、靴子及手套）。

（2）耐酸碱工作服，可防止强酸、强碱腐蚀皮肤。

（3）隔绝式防化服＋隔绝式呼吸器，可防各类有毒有害物质。

（4）透气式防毒服＋过滤式呼吸器，适用于已知化学性质的污染现场。

2. 使用个体防护装备应注意的原则

选用个体防护装备，首先要熟悉和掌握各种防护装备的性能、结构及防护的对象，其次是有害物质的性质、浓度及其暴露的时间。一般情况下要注意以下两个方面：

（1）呼吸道防护用具的使用

1）选用何种类型的呼吸道防护用具。在污染物质性质、浓度不明的情况下必须使用隔绝式防护用具；在使用过滤式防护用具时要注意，不同的毒物使用不同的滤料。

2）呼吸道防护用具能否起作用。新的防护用具要有检验合格证，库存的是否在有效期内、用过的是否更换新的滤料。

3）如何佩戴呼吸道防护用具（必须要密封）。

4）何时佩戴呼吸道防护用具（发现有毒征兆时，可能为时已晚）。

5）何时摘下呼吸道防护用具（长时间地佩戴会感到不舒服，如时间过长，还需更换滤料）。

（2）防护服的使用

1）必须清楚防护服的防毒种类和有效的防护时间。

2）要了解污染物质的性质和浓度（尤其要注意其毒性、腐蚀性、挥发性），选对防护服种类，否则起不到防护作用。

3）防护服是否能反复使用。

4）能反复使用的防护服，在使用后一定要检查是否有破损，无破损根据要求清洗干净以备下次使用。

消防人员执行特殊任务（如在精炼厂救火）时可能穿戴防热辐射的特殊防护服。在泄漏清除工作时可使用对化学物质有防护性能的防护服（防酸服），以减少皮肤与有毒物质的接触。气囊状防护服可避免环境与防护服之间的任何接触，这种防护服装有救生系统，从整体上把人员密封起来，可在有极端防护要求时使用。

安全帽可在一定程度上防止下落物体的冲击伤害。

在火灾和危险物质泄漏应急中，呼吸保护是必需的，自持性呼吸器和稍差一些的防毒面具则是这些应急救援行动中最重要的防护装备。

呼吸器主要用于应急救援人员执行长期暴露于有毒环境的任务时，例如营救燃烧建筑中的人员，或处理化学泄漏事故。处理化学泄漏事故时，应急救援人员要通过关闭切断阀来防止泄漏，如果这种操作不能遥控，就必须由一组应急救援人员穿戴呼吸器到阀门处进行人工切断。同样，储罐破裂导致有毒物质泄漏，有时需进行堵漏，也要求应急救援人员穿戴呼吸器等防护装备。除了自持性呼吸器外，这些操作还要求穿戴全身防护服以防止化学物质通过皮肤进入身体。

应急救援人员使用呼吸器需要接受训练。呼吸器在逃生时特别重要，应该储藏在专门场所，如控制室、应急指挥中心、消防站、特殊设施和应急供应仓库。此外，油缸呼吸器应该通过维修保养定期检查后使用。

防毒面具用于逃生，一般有两种类型。第一种类似于自持性呼吸器，但它提供空气的时间很有限（通常为 5 min），可使人员到达安全处所或逃到无污染区。这种呼吸器由头部面罩或头盔以及气瓶组成，用皮带携带比较方便。

第二种防毒面具是一种空气净化装置，依赖于过滤或吸收罐提供可呼吸空气。该装置与军事中的防毒面具类似，只针对专门气体才有效，要求环境中有足够的氧气供应急救援人员呼吸（极限情况为 16%）。这种装置只有在氧气浓度至少为 19.5%、有毒浓度为 0.1%~2% 时才适用。此外，这种防毒面具在过滤器的活化物质吸收饱和时就失效了，而且，过滤器中的活化物质会由于长时间放置而失效，因此要求定期保养维修。这种防毒面具的优点是穿戴时间短、简便。

3. 个人防护服

（1）防护服的材料

大多数企业的主要防护装备是消防人员在内部建筑灭火时所使用的装备（包括裤子、上衣、头盔、手套、消防靴）。消防人员使用的防护装备主要起到防止磨损与阻热作用。但是此类装备在化学品的暴露情况时，不能或只能提供有限的保护作用。

表 2—1 列出了一部分可以作为化学品防护服使用的材料。

表 2—1　　　　　　　　化学品防护服的材料

材料	说明
天然橡胶	耐酒精和腐蚀品，但易受紫外线和高热的破坏，一般用于手套和靴子
氯丁橡胶	合成橡胶，耐酸、碱、酒精的降解和腐蚀，用于手套、靴子、防溅服、全身防护服，是一种好的防护材料
异丁橡胶	合成橡胶，除了卤代烃、石油产品，耐许多污染物，用于手套、靴子、衣服和围裙
聚氯乙烯	耐酸和腐蚀品，用于手套、靴子、衣服
聚乙烯醇	耐芳香化合物和氯化烃以及石油产品，用于手套，在水中不能提供防护，是水溶性的

续表

材料	说明
高密度聚乙烯合成纸	有较大弹性且耐磨损，与其他材料结合使用可用来防护特别的污染物
Saranex	通常是涂在高密度聚乙烯合成纸或其他底层上，用于一般情况时是非常好的材料
氟弹性体	与毛麻呢相似的人造橡胶，耐芳香化合物、氯化烃、石油产品、氧化物，弹性较小，可涂于氯丁橡胶、丁基、高熔点芳香族聚酰胺或玻璃丝布等材料上

（2）需要考虑的因素

类似的防护服可在不直接接触火焰时允许应急救援人员在较高的温度区域内工作一小段时间。全面防火服可为应急救援人员通过火焰区域或高温环境提供必要保护。全面防火服在反应人员与火焰短时间接触时提供保护，只有当反应人员可快速通过火焰或执行某项任务（如关闭发生火灾附近的阀门）时使用。这些防护服一般很沉重，缺少灵活性与轻便性，因此易使使用者疲劳。任何一种防护服都不能提供对化学品的腐蚀与渗透的所有防护（见表 2—2）。

表 2—2　　　　选择防化服时需要考虑的因素

考虑因素	说明
相容性	工厂应考虑应急救援人员可能暴露的化学品。防护服必须与可能遇到的化学品的危险特性相匹配。有关相容性的表格应准备，这些在制定计划时常用来作为参考
选择标准	在计划过程和实际事故中应该使用明确的选择标准
使用范围和局限性	防护服的使用范围应事先确定出来；要考虑其局限性，并在培训计划中说明

考虑因素	说明
工作持续时间	体热无法散发是主要问题，应急救援人员应该接受培训，以应对这种情况，而且管理系统应能事先预防这种威胁生命的状况出现
保养、存储和检查	应该制定一套可靠的制度来确保防护装备的检查、测试和保养
除污和处理	应有方法确保防护服事先的除污和处理，其结构既有好的化学和机械防护性能，又有合理的价格，允许处理或再使用
培训	应急救援人员在个人防护装备各方面都必须受过培训，培训必须与此人接受任务大小和所遇到的危险相匹配。穿防护服行动易导致疲劳和紧张。应急救援人员穿此服前必须训练良好
温度极限	除了全身防护服可提供临时防护外，其他物品不能提供防火或低温的防护

（3）闪火的防护

防火服与防化学装备结合使用，是在化学品事故反应行动中避免受到热伤害的一种方法。这种防护服通常在防火材料上涂有反射性物质（通常为铝制的），只能够提供对于闪火的瞬间防护而不能在与火焰直接接触的地方使用。

（4）热防护

在一般灭火行动中，应急救援人员穿防火服就能够提供对大多数火灾的防护。然而，有时会出现需要应急救援人员进入并在高热环境下工作的情况，这种极限温度会超出防护服结构的保护程度。因此，这时需要穿专用耐高温服。

（5）选择合理的防护标准

在选择正确的防护标准时，首先应该考虑应急救援人员实施行动的范围及条件：是单纯的灭火行动，还是危险物质应急救援行动，或是两者都有。

选择化学防护服时，反应级别（进攻性的或防护性的）反映了需要使用防护服的类型。只接受防护性行动训练的应急救援人员（现场最初应急救援人员）比实施进攻性行动的人员（危险物质专业技术人员）穿戴的防护装备的级别要低。

下一步要考虑的是应急救援人员可能暴露的化学品危害性。计划者应该了解工厂内所有应急救援人员可能遇到的化学品，从而来选定对个人防护服的要求。应考虑的危害包括：

1）化学品对生命和健康的突发危害浓度（IDLH）。

2）腐蚀性。

3）易燃性。

4）有害物质进入体内的途径（是经呼吸道还是经皮肤吸收有害物质）。

5）危险品的物理状态（气、液、固态、混合相态）。

6）允许暴露极限（PEL）。

7）应急救援行动可能需要的暴露持续时间。

8）暴露时是否有预警信号（气味、视力、听觉、灼痛感等）、早期症状和可能延迟或不敏感的影响。

9）其他有关因素，例如当应急救援人员与危险物质较近时，出现火灾、爆炸和剧烈反应的可能性。

除以上所描述的化学性危害的影响外，防护服的选择还要考虑应急救援人员在工厂内可能遇到的物理危险因素，如烫伤（蒸汽管线、明火）、划伤、刮伤的危险，有限空间的危险和季节、气候因素。在危险物质事故中受到简单物理伤害的人员比由于化学品暴露受到伤害的人数多，因此防护服的材料必须耐用，能承受行动所需的强度。当处置低温物质时，也要考虑冷脆性。散热也是一个需要考虑的重要问题。由于大多数化学防护服不透气，因此很难散热。

对所存在的危险了解清楚后，计划者就可确定何种防护服在工作时最有效。美国环保局（EPA）给出了确定防护级别的方法，它只提供一般性的建议，具体见表 2—3。

表 2—3 个人防护服级别确定

级别	说明
A	当呼吸系统、皮肤和眼睛需要最高级别的保护时，应该穿戴 A 级防护服
B	当呼吸系统需要最高级别的保护，皮肤方面对毒气的防护稍差时，应该穿戴 B 级防护服
C	当呼吸系统需要的防护程度较低，对皮肤要求一定防护时，应该穿戴 C 级防护服
D	D 级只有在没有任何呼吸和皮肤危害的场所，作为工作服使用。它不能提供对化学品的防护

一些化学品防护服的生产商与销售商提供了一个完整的套装，包括消防靴、手套、外套、护目镜、衣服等。尽管这提供了一定的便利性，但不能完全满足事故防护的特殊需求或不能完全防止危险。因此在购买化学品防护服时，应该考虑暴露在工厂危险中的每个部件的有效性，即能够有效地保护身体、手、足、脸等。

当发生酸泄漏时，需要考虑的是保护身体、足、眼、脸部免受酸伤害。结合这几种功能的防护服将提供最好的防护。可是有些酸泄漏可能引起烟雾和飞溅，因而可能需要全身防护（包括脸、手、足以及呼吸系统）。

还有的情况是易燃性物品也具有皮肤毒性，首先可能要考虑应急救援人员应穿化学防护服。但由于物质易燃性的危险性更高，因此必须要考虑热防护。可以将防火服与防化服结合使用。

4. 呼吸系统的防护

（1）自持式呼吸器

自持式呼吸器（SCBA）是由一个完整的面罩和具有调节器的气瓶组成。应急救援人员只能使用正压力型的自持式呼吸器，因为要假定救援人员在突发危害生命和健康浓度（IDLH）下工作。自持式呼吸器能提供大多数污染气体的呼吸系统的防护，但因携带的空气量和消耗率受限，所以要考虑供气时间的有限性。而且自持式呼吸器一般体积庞大且笨重，易造成人员闷热，在局限空间行动不便。自持式呼吸器的类型必须根据工厂的需要来确定。

计划者应该决定是使用高压型 SCBA 还是使用低压型 SCBA。使用高压型的优点是能延长应急救援人员所携带空气的使用时间，因为危险物质事故应急一般需要较长的时间。危险物质事故要考虑的时间包括进入现场、处理问题、撤离现场以及完成污染净化，见表 2—4。另外还要考虑的问题是在每一次使用 SCBA 后，这些气瓶如何重新充气。

表 2—4　　　　　危险物质事故应急救援所需要的时间

任务	一般持续时间
应急救援人员进入工作区域所需时间	3 min
应急救援人员在高热区工作所需时间	10 min
应急救援人员从工作区域内撤离所需时间	3 min
清除污染所需时间	5 min
共计时间	21 min

选择自持式呼吸器还要考虑的其他因素包括：

1）质量。

2）目前工厂所使用的 SCBA 的类型（如果目前使用的适合应急救援人员，最好保持一致）。

3）其他来到工厂提供援助的外部机构所使用的 SCBA 类型。

4）SCBA 是否符合有关标准、规范。

5）通信联络接口。

（2）补给式空气呼吸器

补给式空气呼吸器（SAR）是把远处的气源通过供气管线与使用者相连。补给式空气呼吸器与自持式呼吸器相比，允许应急救援人员有更长的工作时间。SAR 不像 SCBA 那样笨重和庞大，一般只有 2 kg。SAR 一般能提供大多数污染气体的防护，但不允许使用在突发危害生命和健康浓度和缺氧环境下（除非配有紧急供气装置，如 SCBA，当供气管线失效时提供紧急呼吸保护）。

软管长度不应超过 90 m。随着软管长度的增加，最低允许气流量可能送不过来。而且软管很容易被损坏、污染和老化。使用 SAR 移动性也受到限制；应急救援人员必须按原路慢慢退出工作区。

各种危险化学品事故应急和救援防护设备的用途、功能和适用环境见表 2—5。

表 2—5　　危险化学品事故应急和救援防护设备一览表

类别	序号	设备名称	用途及设备参数	功能	适用环境
危险化学品事故应急防护设备	1	隔绝式防毒衣	全身防护：现场安全防护救援、采样、监测	防护有毒有害污染物	化工、石油、纺织、印染、造纸、酿造、制药、化肥、炼油、制革、爆炸事件
	2	简易防毒面具	呼吸防护：现场安全防护救援、采样、监测	防护有毒有害污染物	
	3	防毒靴套	足部防护：污染采样、监测	防护有毒有害污染物	
	4	防酸碱长筒靴	足、腿部防护：现场安全防护、救援、采样、监测	防护有毒有害污染物	化工、石油、厂矿、爆炸事件
	5	耐酸碱防毒手套	手部防护：现场安全防护、救援、采样、监测	防护有毒有害污染物	
	6	耐酸碱防水高腰连体衣	全身防护：现场安全防护、救援、采样、监测	防护酸碱污染物	
	7	救生衣	现场救援防护、采样、监测	防护、救援	排污口、沟渠、河流

续表

类别	序号	设备名称	用途及设备参数	功能	适用环境
危险化学品事故应急防护设备	8	急救箱	现场中毒急救及安全防护	急救、防护	各种污染事件受伤急救
	9	投掷式标志牌	现场安全防护、警戒	警戒	各种污染事件的警戒标志
	10	插入式标志牌	现场安全防护、警戒	警戒	各种污染事件的警戒标志
	11	排水泵、消毒设备、各种堵漏器、堵漏袋、堵漏枪、洗消器；封漏套管、阻流袋等	现场处理、救援	现场应急处理、救援	各种水污染事件
	12	救护车	医疗卫生部门负责	人员安全救援	
危险化学品事故救援防护设备	1	防毒面具（接滤毒罐）	呼吸防护：最小可防毒时间为 120 min	综合防有毒有害气体、各种有机蒸气、氯气、氨气、硫化氢、一氧化碳、氢氰酸及其衍生物、毒烟、毒雾等	化工、油库、气库、石化、冶炼、制药、农药、炼油、交通运输等泄漏、火灾、爆炸等
	2	小型洗消器；消毒设备；洗消剂；各种堵漏器、堵漏袋；堵漏枪；封漏套管、阻流袋、封漏胶、封漏剂等	救援	救援	
	3	各种防化消防车	消防部门负责	事件处置与救援	

续表

类别	序号	设备名称	用途及设备参数	功能	适用环境
危险化学品事故救援防护设备	4	简易防毒面具	呼吸防护	防轻度、低浓度的有毒有害气体	化工、石油、厂矿、交通运输等泄漏、火灾、爆炸等事件
	5	正压式空气呼吸器	可防毒时间为60 min	防高浓度的有毒有害气体	
	6	隔热/冷手套	现场安全防护	救援、防护	
	7	防毒手套	现场安全防护	救援、防护	
	8	高压呼吸空气压缩机	配供正压式空气；压缩空气充气泵100 L/min	防各种有毒有害气体	
	9	气密防护眼镜	现场安全防护	防化学物质飞溅、防烟雾等	
	10	气体报警器	有毒气体报警、人员安全防护	一氧化碳、硫化氢	
	11	隔绝式防毒衣（防化服）	现场安全防护	防芥子气、光气、沙林等	化工、油库、气库、石化、冶炼、制药、化肥、炼油、印染、交通运输等泄漏、火灾、爆炸等
	12	阻热防护服	现场安全防护	防火、防热、防静电	化工、油库、气库、炼油火灾、爆炸等
	13	防酸碱工作服	现场安全防护	防酸碱水蒸气	化工、冶炼、交通运输等泄漏、爆炸

续表

类别	序号	设备名称	用途及设备参数	功能	适用环境
危险化学品事故救援防护设备	14	滤毒罐	连接防毒面具，最小可防毒时间为120 min	综合防毒	化工、石油、厂矿、农药、交通运输等泄漏、爆炸
	15	防酸碱长筒靴	现场安全防护	防酸碱物	化工、厂矿、交通运输等泄漏
	16	防毒口罩	防护呼吸道	综合防护轻度、低浓度的有毒有害气体	各种大气污染、爆炸、火灾等
	17	风速风向计	测定风速风向、人员安全防护与救援距离	测定范围：风速0~60 m/s 风向：0~360° 风向精度：±3%	
	18	测距仪	测定距离、人员安全防护	测定距离范围：0.2~200 m	大气污染事件
	19	灭火器	现场安全防护	灭火	大气污染、爆炸、火灾等
	20	救护车	医疗卫生部门负责	人员安全救援	

第四节 危险化学品事故应急救援保障体系

危险化学品事故应急救援保障体系主要包括通信与信息系统、技术与装备保障系统、宣传教育与培训体系、专家咨询支持体系四部分。

一、通信与信息系统

通信与信息系统是保证应急救援保障体系正常运转的一个关键因素。生产安全应急救援保障体系必须在各级应急救援指挥中心之间、各级应急救援指挥中心与区域救援中心之间、国家应急救援指挥中心与国家生产安全应急委员会成员单位和省级应急机构之间、应急队员之间、救援体系与外部之间建立畅通的通信网络系统，并设立备用通信系统。信息系统的建设包括建立应急救援信息网，开发应急救援信息数据库和应急救援指挥决策支持系统。危险化学品事故应急救援通信设备见表2—6。

表2—6　　　　　　危险化学品事故应急救援通信设备

序号	应急救援通信设备名称	功能、特点
1	固定电话	（1）电话警报系统提供关于整个现场的信息 （2）收到来自现场应急管理者的信息和命令后，现场安全人员要确保通知所有的相关部门 （3）应直接在调度中心和以下位置安装"热线"电话：消防部门、行政部门、控制中心、119调度中心、公安部门 （4）当启动应急控制中心后，应急队员可以使用应急控制中心系统的内部电话
2	移动通信	实现实时沟通，例如通话和收发短信
3	传真机	快捷的图文传递，传真机的应用也缩短了空间的距离，使救援工作所需要的有关资料能够及时准确地传送到事故现场
4	无线电	无线通信系统具有迅速、准确、安全的优点，并可构成多层次的专用指挥调度网。无线电通信设备机型有：手机型、车载型和固定型。无线电有利于救援工作的指挥调度，已作为应急救援的主要通信手段。无线寻呼机可以作为救援人员的应急传呼工具。在近距离的通信联系中，也可使用对讲机 （1）现场安全部门人员负责监控下列各组的无线电频率：现场安全、生产人员、环境部门、控制部门、仪器部门、工业卫生部门、电能或公用事业部门、应急指挥中心、现场内服务部门

续表

序号	应急救援通信设备名称	功能、特点
4	无线电	（2）在紧急情况中，上述的任何一个无线电系统都与"现场安全"联系。除了现场人员所使用的无线电频率外，大多数人可通过手中的无线电收发两用机使用特殊的应急频率 （3）如果需要，可使用移动和空余单元 （4）只有对无线电检查和应急行动及紧急情况等很重要的信息的传递才可使用无线电，其他信息用电话联系
5	同轴电缆	同轴电缆是把声音、信息、安全消息、电视录像传送到工厂内的电视装置，并把摄像机信号信息传送到调度中心
6	应急通信车	它是能够被派遣到现场的可移动通信中心，其配备了支持应急无线电频率的设施和多孔电话，可根据紧急情况开到规定的位置
7	应急发电机	应急发电机提供必要的电能支援，相关工作人员应每周检测一次它的工作能力

二、技术与装备保障系统

企业发生紧急情况时需要使用大量的设备与物资供应，如果没有足够的设备与供应物资（如消防装备、个人防护设备、清扫泄漏物的设备），即使训练良好的应急救援队员也无法减缓紧急事故。此外，如果设备选择不当，就可能导致对应急救援人员或附近公众的严重伤害。

企业要购买必需的应急救援设备与供应物资，并且要进行定期的检查、维护和补充，以免由于资源缺乏而延误应急行动。

许多事故现场将会涉及火灾、有害物质泄漏、技术营救、医疗抢救等，现场必需的应急救援设备与工具有：

• 灭火装置（依赖于消防队的水平、输水装置、软管、喷头、自用呼吸器、便携式灭火器、仪器等）

• 危险物质泄漏控制设备（泄漏控制工具、探测设备、封堵设备、解除封堵设备等）

• 个人防护装备（防护服、手套、靴子、呼吸保护装置等）

• 通信设备（电报、电话、传真机等）

• 医疗设备（项圈、担架、救护车、夹板、氧气、急救箱等）

• 营救设备（滑轮、空中绳索、保护绳、尖头工具等）

• 资料（参考书、工艺文件、行动计划、材料清单、事故分析报告及检查表、地图、图纸等）

1. 消防准备

尽管购买和保养需要一定的资金，但企业必须购置消防设备。消防设备包括：消防车（水或泡沫）、营救车辆、救护车、简易帐篷、流动监测车、报警车、指挥车和危险材料运输车辆。这些车辆设备对于应急救援行动是必不可少的。在确定设备数量时应考虑以下因素：

• 固定灭火系统的类型和范围（如水喷淋系统、泡沫系统、竖管等）

• 消防水系统的流量与压力设计

• 工厂应急救援队的能力

• 工厂大小

• 外部机构向工厂提供的应急救援能力（设备、反应时间、设备工作时间等）

• 用于保养、运作与培训的费用

2. 消防设备

消防车是城市消防部门中最重要的装备，它配备高容量的离心水泵，通常泵流量为 4 500～9 000 L/min。标准流量下的送压应不低于 1 000 kPa。泵配有标准管径 0.76 m、双套、橡皮消防管。有不同型号的水枪（直喷式、喷雾式和混合式）、消防梯和 A 级灭火器。NFPA（美国消防协会）标准给出了配备泵的详细说明，提供了带梯卡车，特别是配 100 m 云梯的卡车的详细说明。在城市消防操作中，经常要使用这种卡车，它对于抢救生命和控制火灾是非常重要的，工厂可不要求配备。风险分析可确定出实际的消防需要。

除了标准手持喷头，也可在消防车上安装水枪、水炮和类似装置。若有可能，则可升高平台式卡车，这对从上向下浇水时非常有用。这些用具也可替代更传统的梯式卡车。

工厂应该建有消防水管网系统，塘、湖也可作为水源。水罐车也能供应一定水量（4 500~45 000 L）。水泵提水量有限（1 500~4 500 L），如果已经建有给水管网，运输这些额外水量就不是必需的。在很多情况下，这种瞬时供给水在灭火初期起到了极大作用。设计精确的坠毁单元（这么称呼是因为它们安装在机场以减缓坠机后的影响）可克服这种不方便。这种装置设计可运送大量的水（最多可达 135 000 L）和泡沫（最多可达 225 000 L），可以在 5 min 内送到火场。它们用在工厂也是很有效的。

许多工业场所可能要求配备专门消防车，因为可能发生各种火灾，例如，当不能使用水来灭火时，就需要采用干化学装置运送大量干灭火物质，这些装置通常可运送 340 kg 的固体灭火剂。携带液体装置与此类似，可通过压缩氮气喷头喷到火场。二氧化碳至少要在 2 000 kPa 下储存，它对化学品火灾非常有效。在火灾失控前的很短时间内，这个装置可以输送大量的二氧化碳。

在大中型工厂通常具有某些消防设施。这种设施一般包括消防仓库、一或两辆消防车和其他应急车辆、设备以及供应物资。

消防操作可能需要其他设备和物资来保护消防员生命和实施其他重要的营救和消防行为，如进入起火建筑、通风和一般消防任务。这些设备可用卡车运送到事故现场，设备包括：

- 呼吸器
- 备用空气瓶
- 防毒面罩

- 全身防护服
- 防酸服、护目镜、靴子、橡胶手套、头盔
- 其他个人防护装备
- 担架
- 急救箱
- 氧气瓶
- 人工呼吸器
- 安全带
- 绳索
- 焊枪
- 绞车
- 手板和工具
- 螺栓切割刀
- 电锯
- 切割工具

更多专用设备，如发电机、强力照明灯、照明设备和必要的物资供应装置，必要时也需准备。

与执行其他应急操作一样，反应小组必须配备通信联络设备，如无线电或手机。

所有人员要正确地识别设备、知道如何正确地使用这些设备、理解所有的安全操作程序（包括什么时候撤离等），所有的消防设备与系统都应该实行严格的检查与维修计划。

3. 灭火物质

即使事故的火灾危害范围很小，一般也需要各种类型的灭火剂。灭火剂有助于防止火灾在整个事故区的蔓延。由于在现代工业设备中大量使用易燃性材料，因此编制有效的灭火剂清单对应急救援行动非常重要。

计划者应该考虑灭火剂与其他设备、燃料及火势控制所需的储

备物资相适应。除了考虑所需材料的类型外，计划者应该能够识别出最安全、最有效的应用方法。

在讨论灭火物质之前，简要地了解四种等级的火灾是很重要的：

- A级：纸、木头、塑料，或相似的材料
- B级：易燃的与可燃性的液体
- C级：电力系统与设备
- D级：可燃性的金属

（1）水。水有许多优点，是最广泛使用的灭火剂。水很容易得到，非常便宜，不需要特殊的技术来应用与输送。水是通过从燃烧物质的表面吸收热来完成灭火的。水的作用可以使得可燃性材料表面的温度降低，低于发生燃烧的温度就达到了灭火的目的。

水的有效性决定了它应用的广泛性：

- 只需要较少的热量传递，就能获得浓密的水蒸气
- 许多分裂的小水滴的溅散可能有较多的热量吸收

如果在事故的发生区域周围有充足的水蒸气，就能驱赶氧气，达到灭火的目的。水还可以通过搅拌而乳化较重的黏性可燃液体，达到灭火的目的。水的灭火能力在诸如纸张、木头，或其他简单的纤维状燃料的火灾中可以得到更好的体现。

可以使用不同的添加剂来改变水的特性，如防冻溶液，其可以产生具有较好的渗透性而表面张力降低的混合物，增厚过程以增加黏性。

当然水还有一些致命性的缺点：

- 水蒸气及池中的流水可能有危险的导电速率
- 水不适合于扑灭可燃性的气体
- 当水应用于比水的沸点高的物质时，能引起蒸汽爆炸
- 水增加了溢流，并能使火灾扩展
- 水的排泄可能引起一些环境问题
- 水很容易与一些材料反应，例如可燃性金属和一些氧化物、

酸、碱

• 水对于可燃性的液体火灾是无能为力的，并能使火灾扩大到其他的区域

水即使不能直接应用于灭火，也能用来浸湿着火区域以达到保护应急救援人员和产品免遭热辐射暴露危害的目的。水还可以应用于固定的喷洒器、简便的手工灭火装置等。

在应急救援行动中有充足的水供应是非常重要的。

除了通常的水供应源外，其他的水源包括湖水、水库、自来水等。所有的这些水源都是为了更好地应对紧急情况，所以应该强调水源的稳定性与易得性。所有水源都应该让消防车很容易地从水源处取水，其中的影响因素包括附近的路面情况等。

(2) 泡沫。消防中常见的灭火物质除了水，还有其他灭火剂。泡沫是最重要的一种。灭火泡沫是含表面剂的溶液，加入水后，产生一层厚厚的泡沫能有效地覆盖着火区和灭火。发生较大范围的火灾，如可燃液体泄漏后着火，泡沫是最好的灭火剂。

消防中存在不同类型的泡沫。标准低膨胀蛋白质泡沫采用动物蛋白和碱性物水解制成。实际使用泡沫时，可通过计量仪把泡沫剂加入消防水管道制成。有专门的带孔泡沫喷嘴可引入空气，在喷嘴出口形成泡沫。泡沫剂常用水溶液浓度为3%～6%，当空气进入消防水中，可产生1∶10的体积膨胀。目前已经生产出中型和高型膨胀泡沫，膨胀率可达1∶100，甚至1∶1 000。这些泡沫很轻，容易被风吹动。蛋白泡沫的缺点是覆盖物很容易破碎，导致火重新燃烧。水成膜泡沫（AFFF）是另一种常见的泡沫。它是一种合成泡沫，可产生一个薄膜浮在可燃液体表面，因而阻止氧气进入燃烧表面。氟蛋白泡沫能消除一些蛋白泡沫的问题，它通过加入表面活性剂，降低燃烧的有机燃料与泡沫水之间的表面张力，生成的这种漂浮水膜可阻止重燃。可是这种泡沫比蛋白泡沫价格高，而且这种泡沫一般与干化学灭火剂不相容。使用更新型的氟蛋白泡沫可消除这种不便。

其他类型的泡沫，如酒精型泡沫或极性泡沫。酒精型泡沫已经逐渐被取代或只在特殊情况下使用，而极性泡沫用于极性物质的火灾，这是由于其他类型的泡沫都会因为溶解而无效。

二氧化碳也是一种灭火剂，它能够抑制火灾，建议作为电气火灾灭火剂。当发生可燃液体火灾（B型）时，如果在火灾蔓延之前大量使用二氧化碳就会十分有效。

根据火灾危险的类型和规模，工厂应该储存足够数量的消防设备和灭火剂以应对最可能发生的火灾事故。

泡沫也有一些缺点。泡沫必须能结合成一个黏着的包层并能耐高蒸汽压力燃料，这些燃料可能是易混合的、与水易反应的，这些液体火灾的表面温度可能超过了水的沸点。使用泡沫是很难扑灭三维空间和自由流动的燃料火灾的。在这些情况下，在火灾的源头阻止燃料供应是最好的控制方法。必须注意，泡沫与水相比有更大的导电性。

（3）干化学品。干化学品灭火剂由细密颗粒所组成，应用于手工灭火器或固定的系统。干化学品特别适用于可燃性液体火灾，能够快速地扑灭这些火。虽然干化学品能够有效地扑灭火灾，但是因为它们不能降低火的表面温度，所以能够被二次引燃。

干化学物质（如碳酸钾）适用于B型和C型火灾，这时不能使用水。它是一种颗粒很细的固体粉末，必须使用惰性喷发剂覆盖在火上。它的灭火特性主要是基于其会影响燃烧反应。

哈龙剂（如哈龙）在灭火时也非常有效。它利用化学相互作用的机理扑灭火灾。它主要的缺点是对人体有害。它有两种类型：1211和1301。哈龙1211常用在便携式灭火器中，而哈龙1301专门应用在固定装置中。

（4）干粉。还有许多很特殊的灭火剂，可以专门处理化学火灾（D级火灾），例如镁、钠、钾、锆和其他金属火灾。干粉基本上指的是在控制D级火灾水平的可燃性金属火灾中应用了不同的分离好的粉末的形式。干粉的灭火能力的问题在于能够适用干粉的可燃性金属的范围和类型非常有限。

干粉特别适用于易燃的液体火灾，并能迅速地扑灭火焰。干粉微粒能干扰链反应，因此有快速的灭火特性。所有类型的干粉剂都是不导电的，因此在 C 级火灾水平下能够安全地使用。

4. 泄漏控制设备

气体泄漏发生后，只能用几种方法来控制。

应对措施只限于固定消减系统（如水幕和水喷淋）喷出吸收剂（如水）进入扩散泄漏气体（如氨气），这些设备在前面已经讨论过。

使用移动设备在现场操作时，也可使用类似的方法，可是这种方法只限于泄漏源附近的蒸气扩散。氯化氢气体在水中能被有效地吸收。消防管喷射出的水流可产生这种水雾，允许反应人员实施应急救援行动，如营救人员或应急隔离毁坏容器。

可燃气体一般不溶于水，它们被水流冲散后，可低于可燃点浓度。因而标准的消防设备和个人防护器具是主要设备。此外实施某些反应行动如堵塞、泄漏、关闭堵塞的隔离阀可能需要专门工具。修复工具和其他设备如螺栓切割机、电锯、无火花工具有时极为有用，应储备。

防止泄漏可采取冷冻措施。这种方法是使用液化气体，如二氧化碳或氮气。液化气蒸发膨胀到空气中要吸热，特别是从泄漏物质吸热，因此它有冻结作用而产生固体塞。二氧化碳灭火器有时也能用于此类事故中。可是使用这种方法时，容器材质会发脆，这是一个要注意的问题。

预防和容留液体泄漏的技术和设备较为常见。固定储罐的液体泄漏容留可通过围堤、沟渠实现。应急容留系统也要建成，假若地形允许，则这个工程可使用动土设备。塑料衬里和漂浮栏用来限制物质流入地面或临近敏感地区（如水源）。

泵是泄漏容留方法中应重要考虑的一个部分，因为它可有效运送泄漏物质或危险容器内的物质到安全位置。可建造带应急塑料衬里的容纳体临时容留物质，以待恢复和转移。

快速定型泡沫也可以有效防止渗漏，例如聚氨酯泡沫可以在短时间内使用，一分钟即可固化。它形成的障碍不仅能防水，也能防许多有机化学物质。此外，泡沫也是防火的，但有热源存在时会慢慢燃烧。

这些泡沫也可用于临时堵漏。美国环境保护局已经设立基于快速成型泡沫的轻便系统。它会进入泄漏点释放泡沫，形成一个密封塞。这种系统可用于地下水泄漏和直径 10 cm 大小的孔洞。工厂应该有足够量的这种系统和其他泄漏容留设备，以应对任何泄漏。这种聚氨酯泡沫的主要缺点在于它的生命周期短和价格昂贵。

泄漏时使用的化学药剂如下：

（1）抑制剂。抑制剂能够阻止或降低猛烈的反应，并能有效地使易反应性材料的事故稳定下来。使用化学抑制剂操作时有一定的危险，因此需要很仔细地决定抑制剂的类型、数量、使用率。抑制剂的使用可能消除事故源的问题，特别适合于小型泄漏。

（2）中和剂。中和剂与抑制剂的使用类似。通过使用中和剂，泄漏物质的有害性、易反应性被破坏或被明显地降低。中和剂的优点与抑制剂相似，但还有重要的不同。

应该把合适的中和剂的数量和类型放在现场外，并在事故中能够很容易地使用它。中和方法必须能确保改变最初的化学品特性，但并不是每一个中和反应都能被预测。中和必须是完全的，但不能进行得太快以致不能控制热的产生。因此，中和剂的类型、数量、应用率都是很重要的。

（3）吸附剂。必须以控制的方式去除泄漏的物质。环境法规通常禁止应急救援人员随意去除或处理危险物质。即使其他的方法被使用，控制和去除泄漏的污染物质也是必要的。有效、合适的吸附剂用于从泄漏位置处去除危险化学品是一个好方法。

吸附剂是一些能够吸收、收集泄漏的产品的非反应性物质。吸附剂有许多类型，计划者必须辨识合适的和可兼容的吸附剂并把它储存起来。应该依据所使用的化学品及过程来选择所使用的吸附剂。

应急救援人员可使用吸附剂去除危险物质及缓和事故来降低泄漏的状况，这能够降低危险。

可以获得许多类型、形状的吸附剂。也可以使用不同的自然材料（如干草、棉花、土粒等）充当吸附剂。

5. 医疗支持

治疗由紧急情况所引起的伤害是重要的应急救援功能。这些伤害可能是化学暴露、热辐射、外科伤害，也可能是大量的不同的复杂伤害。一些人可能需要立即的救助，而另外一些人可能需要较少的救助。所有的这些人都需要一定程度的救助。现场救助可能缺乏治疗大量伤员的能力，然而它可以作为大面积事故救助的基础，以及作为少量重伤员的分类中心。

（1）与当地医疗系统的合作。在事故现场，值班应急医疗服务（EMS）人员、消防人员、警戒人员，或是现场外的应急救援人员都可以提供一些基本的医疗服务。由于所有的伤员都要被运送到当地的医院，因此与当地的医疗系统保持密切的工作关系是很重要的。EMS 人员应该与附近的医院、诊所、专业的医疗救助中心相互协调，各自的职责、义务、指挥权、运送病人的路线都应该在事故前的准备中商定。

医院应该复查其医疗能力，包括总的床位、治疗危险化学品伤害的能力、缓解病情的设备及一些特定的能力等。医院应该能够识别对于任何一个特定的事故医疗所必须供应的医疗用品的数量，例如葡萄糖、抗菌药等。

（2）交通运送工具。直升飞机救援日趋广泛，应用直升飞机救援可以把受伤人员迅速转移到先进的医疗中心。大部分直升飞机需要起降空间的直径至少为 30 m，且不能有电线和树木等障碍物，着陆点需要一个或几个。陆上运输队伍在接近直升飞机时要小心,并需要培训。

(3) 大量伤亡和净化。应急计划必须包括预测大量伤亡和需要净化的工作。伤亡数量超过资源应急救援能力时,需要对人数进行评价和估计,优先治疗和运输的人数取决于伤害程度和医疗能力。救援单位有必要程序,针对大多数受化学品伤害的情况,必须设计出净化洗浴伤员的装置。交通事故中的大规模化学暴露经常出现,因此应发展对人、设备及环境的净化装备,并注意控制污染水的流失。

6. 应急电力设备

在电力中断时,应急电力支持系统确保一些设备能够使用并保持许多重要系统能运转是很重要的。每一个重要的设备和应急管理系统都应该有一个应急动力系统作为暂时动力,应急动力可能是电池组,也可能是来自其他电力源的单独的动力。

每一类系统都有相关的标准。当设计一个应急装置或应急动力系统时,设计者应该审视这些标准和当地的规则。在选择能够充分满足每一种设备需要的应急动力系统类型时,设计者应该考虑下面的问题:

- 主要的电力中断时,怎样快速地供应应急动力系统
- 在添加燃料及充电之前必须供应最起码的供电时间
- 电力中断是否会引起伤亡及严重事故
- 应急动力系统的最佳位置
- 应急动力系统能承担的负荷
- 应急动力系统能否放在严寒天气或者有地震活动趋势的区域

在回答上述问题时,设计者应该决定应急动力系统的类型、级别和水平。

7. 现场地图和图表

绘制重要应急信息的图表是预防和应急的工具,在发生事故时

地图能提供出主要的现场特征，将有利于应急救援人员识别潜在的后果。

对于应急计划，地图是必需的。这些地图最好能由计算机快速方便地变换和产生。理想情况下，地图应该是现场计算机辅助系统的一部分，经常更新工程文件的人员最好也能更新所使用的地图。

紧急情况下所使用的地图不应太复杂，它的详细程度和水平最好留给绘图者和应急救援人员来决定。使用的符号应符合会议所预先规定的或是政府部门的相关标准。

然而现场经常有变化（如新路线的开通和原有路线的更新），把变化的数据标到地图上是很重要的，定期地更新将确保地图信息的质量，确保应急救援人员有最新的地图版本。

现场的地图能够帮助应急救援人员和管理人员对事故现场的恢复及确认易受影响的工序、设备和公共设施。事故的管理人员能使用地图来追踪应急救援人员、应急救援效果、其他的特定事故的信息。

对于紧急情况应急的现场地图和图表的推荐目录见表2—7。

表 2—7　　紧急情况应急的现场地图和图表的推荐目录

基本的规划	公用工程
• 材料储存区域	• 消防水管道
储罐	消防栓
仓库	监控器
铁路轨道汽车路线	泡沫站
• 工艺区域	• 水管道
设备	工艺
建筑物	冷却
控制室	饮用
实验室	• 蒸汽管道
• 服务区域	• 其他的加热/冷却液体管道

续表

基本的规划	公用工程
办公室	• 气体服务
实验室	氮气
动力室	空气
紧急修理厂	• 电力分配
诊所	主线
• 路径	开关箱
现场道路	变压器
出口/入口	• 下水道管线
现场的出路	暴雨
船坞	化学品废水
工艺传输	公共厕所
• 主要的工艺管线	污水坑
装/卸材料	扬升站
储存区域、工艺区域	油/水分离器
• 泵	pH 值/可燃性气体监控站
• 传送带	现场外的特征
• 组合阀	• 到敏感位置的距离与敏感区域的方向
	学校、医院、监狱
	居民区
	隧道、桥梁、高速公路

8. 应急救援的重型设备

有时，重型设备在控制紧急情况时是非常有用的，经常与大型公路与建筑物联系起来。在紧急情况下，可能有用的重型设备包括：

- 反向铲
- 装载机
- 车载升降台

- 翻卸车
- 推土机
- 起重机
- 叉车
- 破土机
- 便携发动机

重型设备能够帮助应急救援人员完成大的任务，而这些任务是使用人工或是简易的设备几乎不可能完成的。许多重型设备只能由经过特殊培训的人员操作，重型设备的操作人员必须坦然面对与完成任务相联系的危险。

三、宣传教育与培训体系

在充分利用已有资源的基础上，建立起生产安全事故应急救援的宣传、教育和培训体系。一是通过各种形式和活动，加强对公众的应急救援知识教育，提高社会应急救援意识，如应急救援政策、基本防护知识、自救与互救基本常识等；二是为全面提高应急救援队伍的作战能力和水平，设立应急救援培训基地，对各级应急救援指挥人员、技术人员、监测人员和应急救援队员进行强化培训和训练，如基础培训、专业培训、战术培训等。

四、专家咨询支持体系

生产安全事故应急救援工作是一项非常专业化的工作，涉及的专业领域面宽，应急救援准备、现场救援决策、监测与后果评估、现场恢复等各个方面都可能需要专家提供咨询和技术支持。因此，建立专家组是生产安全事故应急救援体系一个必不可少的组成部分。目前，国内已有一定数量的国家级的专家组，如国家安全生产专家组，包括综合、能源化工、煤矿、交通运输、建筑机电五个专业组，共 90 名专家组成，各省、自治区也有相应的安全生产专家组。此外，还有全国预防道路交通事故专家组、公安部消防局消防安全工程专家组等。这些专家组对组建生产安全事故应急救援专家组提供了很好的基础。各级企业、地方政府也应该根据各自的特点建立相应的专家咨询支持体系。

第三章
危险化学品事故应急预案编制

第一节　制定应急预案的基本原则

一、应急预案的基本要求

制定应急预案的目的是为了发生突发危险化学品事故或紧急情况时，能以最快的速度发挥最大的效能，有序地实施响应和救援，尽快控制事态发展，降低事故造成的危害，减少事故损失和对生态环境的污染与破坏。

应急预案的基本要求为：

1. 科学性

危险化学品事故的应急工作是一项科学性很强的工作，制定预案也必须以科学的态度，在全面调查研究的基础上，开展科学分析和论证，制定出严密、统一、完整的应急反应方案，使预案真正具有科学性。

2. 实用性

应急预案应符合危险化学品事故现场和当地的客观情况，具有适用性、实用性和针对性，便于现实操作。

3. 权威性

救援工作是一项紧急状态下的应急性工作，所制定的应急救援预案应明确救援工作的管理体系，救援行动的组织指挥权限和各级救援组织的职责和任务等一系列的行政性管理规定，保证救援工作的统一指挥。应急救援预案应经上级部门批准后才能实施，以保证预案具有一定的权威性和法律保障。

二、应急预案的作用

应急预案在应急系统中起着关键作用，它明确了在突发事故发生之前、发生过程中以及刚刚结束之后，谁负责做什么，何时做，相应的策略和资源准备等。它是针对可能发生的危险化学品事故及其影响和后果的严重程度，为应急准备和应急响应的各个方面所预先做出的详细安排，是开展及时、有序和有效的事故应急救援工作的行动指南。

应急预案在应急救援中的突出重要作用和地位体现在：

1. 应急预案明确了应急救援的范围和体系，使应急准备和应急管理不再是无据可依、无章可循的，尤其是培训和演练工作的开展。

2. 制定应急预案有利于做出及时的应急响应，降低危险化学品事故的后果严重程度。

3. 作为各类危险化学品事故的应急基础，通过编制基本应急预案，可保证应急预案足够的灵活性，对那些事先无法预料到的突发事件或事故，也可以起到基本的应急指导作用，成为开展应急救援的"底线"。在此基础上，可以针对特定危害编制专项应急预案，有针对性地制定应急措施，进行专项应急准备和演练。

4. 当发生超过应急能力的重大危险化学品事故时，便于与上级应急部门的协调。

5. 有利于提高风险防范意识。

三、应急预案层次

1. 按照责任主体分类

从行政层面上，根据可能发生的危险化学品事故造成的事故后果的影响范围、地点及应急方式，建立我国事故应急救援体系，可将应急预案分为如下 5 种级别：

（1）企业级应急预案。这类事故的有害影响局限在一个单位的界区之内，并且可被现场的操作者遏制和控制在该区域内。这类事故可能需要投入整个单位的力量来控制，但其影响预期不会扩大到社区或公共区。

（2）县/区级应急预案。这类事故所涉及的影响可扩大到公共区（社区），但可被该县（市、区）或社区的力量，加上所涉及的工厂或工业部门的力量所控制。

（3）市/地级应急预案。这类事故影响范围大，后果严重，或是发生在两个县或县级市管辖区边界上的事故。这类事故的应急救援需动用地区的力量。

（4）省级应急预案。对可能发生的特大火灾、爆炸、毒物泄漏事故、流域性环境污染事故、特大危险品运输事故以及属省级特大事故隐患、省级重大危险源应建立省级应急预案。它可能是一种规模极大的灾难事故，或可能是一种需要用事故发生的城市或地区所没有的特殊技术和设备进行处理的特殊事故。这类事故需用全省范围内的力量来控制。

（5）国家级应急预案。对危险化学品事故的事故后果超过省、直辖市、自治区边界或事故应急处理能力，以及列为国家级事故隐患、重大危险源的设施或场所需要国家统一协调、指导和响应的突发事故应制定国家级应急预案。

国务院发布的《国家突发公共事件总体应急预案》是全国应急预案体系的总纲，规定了国务院应对重大突发公共事件的工作原则、组织体系和运行机制，对于指导地方各级政府和各部门有效处置突发公共事件，保障公众生命财产安全，减少灾害损失，具有重要作用。根据突发公共事件的发生过程、性质和机理，政府预案将突发公共事件分为自然灾害、事故灾难、突发公共卫生事件和突发社会安全事件四大类。

政府预案与企业预案的主要区别在于：政府负责发生在其辖区范围内的所有重大事故的应急响应，主要侧重于应急救援的整体实施的部署工作，政府预案侧重于宏观方面，是具有指导性的预案，而企业负责的是本企业内部事故的应急救援，企业预案是针对具体事故或事件所做的预案，即使超出了企业的范围的部分也是在政府的统一协调下进行的具体行动，是微观方面的具体方案；政府预案编写时一般停留在应急程序阶段，不需要编写具体应急作业的基层文件，但应对各部门编写相应预案做出要求，而企业预案应从组织机构到具体应急方法都做出详细的规定。

政府预案与企业预案的主要联系在于政府预案应以企业预案为基础，两者的应急资源和人员应共享，组成一个有机整体。

2. 按功能与目标分类

应急预案从功能与目标上可以划分为四种类型：综合预案、专项预案、现场预案和单项应急救援方案。

一般来说，综合预案是总体、全面的预案，以场外指挥与集中指挥为主，侧重在应急救援活动的组织协调。一般大型企业或行业集团，下属很多分公司，比较适于编制这类预案，可以做到统一指挥和资源的利用最大化。

专项预案主要针对某种特有的和具体的事故灾难风险（灾害种类），如地震、重大工业事故、流域重大水体污染事故等，采取综合性与专业性的减灾、防灾、救灾和灾后恢复行动。

现场预案则是以现场设施或活动为具体目标所制定和实施的应急预案，如针对某一重大工业危险源，特大工程项目的施工现场或拟组织的一项大规模公众集聚活动。现场预案编制要有针对性，内容具体、细致、严密。

单项应急救援方案主要是针对一些单项、突发的紧急情况所设计的具体行动计划。一般是针对临时性的工程或活动，如大坝合龙、大型设备试车等。因为这些活动不是日常生产过程中的活动，也不是规律性的活动，其临时性或发生的概率很小，所以可能或潜在的危机常常被忽视。

第二节　应急预案的基本结构与内容

应急救援是为预防、控制和消除危险化学品事故对人类生命、财产和环境造成重大损害所采取的反应救援行动。应急预案则是开展应急救援行动的行动计划和实施指南。应急预案实际上是一个透明和标准化的反应程序，使应急救援活动能按照预先制订的周密的计划和最有效的实施步骤有条不紊地进行。这些计划和步骤是快速响应和应急救援的基本保证。

应急预案是应急体系建设中的重要组成部分，应该有完整的系统设计、标准化的文本文件、行之有效的操作程序和持续改进的运行机制。

无论是哪一种应急预案，其基本结构都可采用 1＋4 的结构模式，即一个基本预案加上应急功能（职能）设置、特殊风险预案、应急标准化操作程序和支持附件四个分预案，如图 3—1 所示。

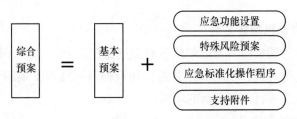

图 3—1　应急预案 1＋4 结构模式

一、基本预案

基本预案也称"领导预案"，是应急反应组织结构和政策方针的综述，还包括应急行动的总体思路和法律依据，指定和确认各部门在应急预案中的责任与行动内容。其主要内容包括最高行政领导承诺、发布令、基本方针政策、主要分工职责、任务与目标、基本应急程序等。基本预案一般是对公众发布的文件。《国家突发公共事件总体应急预案》和《国家安全生产事故灾难应急预案》就是我国应对突发公共安全事件和危险化学品事故的基本预案。

基本预案可以使政府和企业高层领导能从总体上把握本行政区域或行业系统针对突发事故应急的有关情况，了解应急准备状况，同时也为制定其他应急预案（如应急标准化操作程序、应急功能设置等）提供框架和指导。基本预案包括以下 12 项内容。

1. 预案发布令

组织或机构的第一负责人应为预案签署发布令，援引国家、地方、上级部门相应法律和规章的规定，宣布应急预案生效。它的目的是要明确实施应急预案的合法授权，保证应急预案的权威性。

在预案发布令中，组织或机构的第一负责人应表明其对应急管理和应急救援工作的支持，并督促各应急部门完善内部应急响应机制，制定应急标准化操作程序，积极参与培训、演练和预案的编制与更新等。

2. 应急机构署名页

在应急预案中，可以包括各有关内部应急部门和外部机构及其负责人的署名页，表明各应急部门和机构对应急预案编制的参与和认同，以及履行承担职责的承诺。

3. 术语和定义

应列出应急预案中需要明确的术语和定义的解释和说明，以便使各应急人员准确地把握应急有关事项，避免产生歧义和因理解不一致而导致应急时混乱等现象。

4. 相关法律和法规

我国政府近年来相继颁布了一系列法律法规，对突发公共事故、重大环境污染事故、危险化学品、特大安全事故、重大危险源等制定应急预案做了明确规定和要求，要求县级以上各级人民政府或生产经营单位制定相应的重大事故应急救援预案。

在基本预案中，应列出明确要求制定应急预案的国家、地方及上级部门的法律法规和规定，有关重大事故应急的文件、技术规范和指南性材料及国际公约，以作为制定应急预案的根据和指南，使应急预案更有权威性。

5. 方针与原则

列出应急预案所针对的事故（或紧急情况）类型、适用的范围和救援的任务，以及应急管理和应急救援的方针和指导原则。

方针与原则应体现应急救援的优先原则，如保护人员安全优先、防止和控制事故蔓延优先，保护环境优先。此外，方针与原则还应体现事故损失控制、高效协调以及持续改进的思想。同时还要符合行业或企业实际。

6. 危险分析与环境综述

列出应急工作所面临的潜在重大危险及后果预测，给出区域的地理、气象、人文等有关环境信息，具体包括以下几个方面：

（1）主要危险物质及环境污染因子的种类、数量及特性。

（2）重大危险源的数量及分布。

（3）危险物质运输路线的分布。

（4）潜在的重大事故、灾害类型、影响区域及后果。

（5）重要保护目标的划分与分布情况。

（6）可能影响应急救援工作的不利条件。

影响救援的不利条件包括突发事故发生时间，发生当天的气象条件（温度、湿度、风向、降水）、临时停水、停电，周围环境、邻近区域同时发生事故。

(7) 季节性的风向、风速、气温、雨量，企业人员分布及周边居民情况。

7. 应急资源

该部分应对应急资源做出相应的管理规定，并列出应急资源装备的总体情况，包括：应急力量的组成、应急能力；各种重要应急设施（备）、物资的准备情况；上级救援机构或相邻可用的应急资源。

8. 机构与职责

应列出所有应急部门在突发事故的应急救援中承担职责的负责人。在基本预案中只要描述出主要职责即可，详细的职责及行动在应急标准化操作程序中会进一步描述。所有部门和人员的职责应覆盖所有的应急功能。

9. 教育、培训与演练

为全面提高应急能力，应对应急人员的培训、公众教育、应急和演练做出相应的规定，包括内容、计划、组织与准备、效果评估、要求等。

应急人员的培训内容包括：如何识别危险，如何采取必要的应急措施，如何启动紧急警报系统，如何进行事故信息的接报与报告，如何安全疏散人群等。

公众教育的基本内容包括：潜在的重大危险，突发事故的性质与应急特点，事故警报与通知的规定，基本防护知识，撤离的组织、方法和程序；在污染区或危险区行动时必须遵守的规则；自救与互救的基本常识。

应急演练的具体形式既可以是桌面演练，也可以是实战模拟演练。按演练的规模可以分为单项演练、组合演练和全面演练。

10. 与其他应急预案的关系

列出本预案可能用到的其他应急预案（包括当地政府预案及签

订互助协议机构的应急预案），明确本预案与其他应急预案的关系，如本预案与其他预案发生冲突时，应如何解决。

11. 互助协议

列出与不同政府组织、政府部门之间，相邻企业之间或专业救援机构等签署的正式互助协议，明确可提供的互助力量（消防、医疗、检测）、物资、设备、技术等。

12. 预案管理

应急预案的管理应明确负责组织应急预案的制定、修改及更新的部门，应急预案的审查和批准程序，应急预案的发放、定期评审和更新。

二、应急功能设置

预案应紧紧围绕应急工作中的主要功能而编制，明确执行预案的各部门和负责人的具体任务。

应急功能设置分预案中要明确从应急准备到应急恢复全过程的每一个应急活动中，各相关部门应承担的责任和目标，每个单位的应急功能要以分类条目和单位功能矩阵表来表示，还要以部门之间签署的协议书来具体落实。

一般来说，应急需要的功能依突发事故风险的水平和可能导致的事故类型而不同，但应具有一些基本应急功能，其核心的功能包括：接警与通知、指挥与控制、警报与紧急公告、通信、事态监测与评估、警戒与管制、人群疏散与安全避难、医疗与卫生、公共关系、应急人员安全、消防与抢险、现场处置、现场恢复等。这里应明确每一个应急功能所对应的职责部门和目标。所有的应急功能都要明确"做什么""怎么做"和"谁来做"三个问题。

1. 接警与通知

准确了解突发事故的性质和规模等初始信息，是决定启动应急救援的关键，接警作为应急响应的第一步，必须对接警与通知要求做出明确规定。

（1）应明确 24 h 报警电话，建立接警和突发事故通报程序。

（2）列出所有的通知对象及电话，将突发事故信息及时按对象及电话清单通知。

（3）接警人员必须掌握的情况包括突发事故发生的时间、地点、种类、强度等基础信息。

（4）接警人员在掌握基本情况后，应立即通知领导层，报告突发事故情况以及可能的应急响应级别。

（5）通知上级机构。

2. 指挥与控制

危险化学品事故的应急救援往往涉及多个救援部门和机构，因此，对应急行动的统一指挥和协调是有效开展应急救援的关键。建立统一的应急指挥、协调和决策程序，便于对事故进行初始评估，确认紧急状态，从而迅速有效地进行应急响应决策，建立现场工作区域，指挥和协调现场各救援队伍开展救援行动，合理高效地调配和使用应急资源等。

该应急功能应明确：

（1）现场指挥部的设立程序。

（2）指挥的职责和权力。

（3）指挥系统（谁指挥谁、谁配合谁、谁向谁报告）。

（4）启用现场外应急队伍的方法。

（5）事态评估与应急决策的程序。

（6）现场指挥与应急指挥部的协调。

（7）企业应急指挥与外部应急指挥之间的协调。

3. 警报与紧急公告

当事故可能影响到事发地周边企业或居民区时，应及时启动警报系统，向公众发出警报，同时通过各种途径向公众发出紧急公告，告知事故的性质、对健康的影响、自我保护措施、注意事项等，以保证公众能够及时做出自我防护响应。决定实施疏散时，应通过紧急公告确保公众了解疏散的有关信息，如疏散时间、路线、随身携带物、交通工具、目的地等。

4. 通信

通信是应急指挥、协调和与外界保持联系的重要保障，在现场指挥部，各应急救援部门、机构、新闻媒体、医院、上级政府以及外部救援机构之间，必须建立完善的应急通信网络，在应急救援过程中应始终保持通信网络畅通，并设立备用通信系统。

该应急功能要求：

（1）建立应急指挥部，现场指挥各应急部门、外部应急机构之间通信的方法，说明主要使用的通信系统、通信联络电话等。

（2）定期维护通信设备：通信系统和通信联络电话，以确保应急时所使用的通信设备完好，应急号码为最新状态。

（3）准备在必要时启动备用通信系统。

5. 事态监测与评估

在应急救援过程中必须对事故的发展势态及影响及时进行动态的监测，建立对事故现场及场外的监测和评估程序。事态监测在应急救援中起着非常重要的决策支持作用，其结果不仅是控制事故现场，制定消防、抢险措施的重要决策依据，也是划分现场工作区域、保障现场应急人员安全、实施公众保护措施的重要依据。即使在现场恢复阶段，也应当对现场和环境进行监测。

在该应急功能中应明确：

（1）由谁来负责监测与评估活动。

（2）监测仪器设备及现场监测方法的准备。

（3）实验室化验及检验支持。

（4）监测点的设置及现场工作和报告程序。

监测与评估一般由事故现场指挥和技术负责人或专业环境监测的技术队伍完成，应将监测与评估结果及时传递给应急总指挥，为制定下一步应急方案提供决策依据。

在对危险物质进行监测时，一定要考虑监测人员的安全，到事故影响区域进行监测时，监测人员要穿上防护服。

6. 警戒与管制

为保障现场应急救援工作的顺利开展，在事故现场周围建立警戒区域，实施交通管制，维护现场治安秩序是十分必要的。它的目的是要防止与救援无关的人员进入事故现场，保障救援队伍、物资运输和人群疏散等的交通畅通，并避免发生不必要的伤亡。

该项功能的具体职责包括：

（1）实施交通管制，对危害区外围的交通路口实施定向、定时封锁，严格控制进出事故现场的人员，避免出现意外的人员伤亡或引起现场的混乱。

（2）指挥危害区域内人员的撤离，保障车辆的顺利通行，指引不熟悉地形和道路情况的应急车辆进入现场，及时疏通交通堵塞。

（3）维护撤离区和人员安置区场所的社会治安工作，保卫撤离区内和各封锁路口附近的重要目标和财产安全，打击各种犯罪分子。

（4）除上述职责以外，警戒人员还应该协助发出警报、现场紧急疏散、人员清点、传达紧急信息、事故调查等。

该职责一般由公安部门或企业保安人员负责，由于警戒人员往往是第一个到达现场的，因此，对危险物质事故有关知识必须进行培训，并列出警戒人员的个体防护装备。

7. 人员疏散与安全避难

人群疏散是减少人员伤亡扩大的关键，也是最彻底的应急响应。事故的大小、强度、爆发速度、持续时间及其后果严重程度，是实施人群疏散时应予以考虑的重要因素，它将决定撤退人群的数量、疏散的可用时间及确保安全的疏散距离。

对人群疏散所做的规定和准备应包括：

（1）明确谁有权发布疏散命令。

（2）明确需要进行人群疏散的紧急情况和通知疏散的方法。

（3）列举有可能需要疏散的位置。

（4）对疏散人群数量及疏散时间的估测。

（5）对疏散路线的规定。

（6）对需要特殊援助的群体的考虑，如学校、幼儿园、医院、养老院、监管所里的儿童、老人、残疾人、犯人等。

在紧急情况下，根据事故的现场情况也可以选择现场安全避难方法。疏散与避难疏散一般由政府组织进行，但企业、社区、政府部门必须事先做好准备，积极与地方政府主管部门合作，保护公众免受紧急事故的伤害。环保部门利用其在环境监测方面的技术力量，为人员疏散与避难安置地进行风险分析和确认。

8. 医疗与卫生

及时有效的现场急救和转送医院治疗，是减少事故现场人员伤亡的关键。在该功能中应明确针对可能发生的重大事故，为现场急救、伤员运送、治疗等所做的准备和安排，或者联络方法，包括：

（1）可用的急救资源列表，如急救医院、救护车和急救人员。

（2）抢救药品，医疗器械，消毒、解毒药品等的企业内外来源和供给。

（3）建立与上级或当地医疗机构的联系与协调，包括危险化学品应急抢救中心、毒物控制中心等。

（4）建立对受伤人员进行分类急救、运送和转送医院的标准化操作程序。

（5）记录汇总伤亡情况，通过公共信息机构向新闻媒体发布受伤、死亡人数等信息。

（6）保障现场急救和医疗人员个人安全的措施。

环保部门储备有大量危险化学品或其他污染因子的特性信息，能够为危险化学品事故的受害人员提供医疗救治的信息支持。

9. 公共关系

突发事故发生后，不可避免地会引起新闻媒体和公众的关注，应将有关事故或事件的信息、影响、救援工作的进展、人员伤亡情况等及时向媒体和公众公布，以消除公众的恐慌心理，避免公众的猜疑和不满。

该应急功能应明确：

（1）信息发布的审核和批准程序，保证发布信息的统一性，避免出现矛盾信息。

（2）指定新闻发言人，适时举行新闻发布会，准确发布事故信息，澄清事故传言。

此项功能的负责人应该定期举办新闻发布会，提供准确信息，避免错误报道。当没有进一步信息时，应该让人们知道事态正在调查，将在下次新闻发布会通知媒体，但尽量不要回避或掩盖事实真相。

10. 应急人员安全

重大事故尤其是涉及危险物质的重大事故的应急救援工作危险性极大，必须对应急人员自身的安全问题进行周密的考虑，包括安全预防措施、个体防护装备、现场安全监测等，明确紧急撤离应急人员的条件和程序，保证应急人员免受事故的伤害。

应急响应人员自身的安全是重大工业事故或重大危险化学品事故应急预案应予以考虑的一个重要因素。在该应急功能中，应明确保护应急人员安全所做的准备和规定，包括：

（1）应急队伍或应急人员进入和离开现场的程序，包括指挥人员与应急人员之间的通信方式，及时通知应急救援人员撤离危险区域的方法，以避免应急救援人员承受不必要的伤害。

（2）根据事故的性质，确定个体防护级别，合理配备个人防护装备，如配备自持式呼吸器等。此外，在收集到事故现场更多的信息后，应重新评估所需的个体防护装备，以确保正确选配和使用个体防护装备。

（3）应急人员消毒设施及程序。

（4）对应急人员如何保证自身安全进行培训安排，包括对紧急情况下正确辨识危险的性质，合理选择防护措施的能力，正确使用个体防护装备等培训。

11. 消防与抢险

消防与抢险在重大事故应急救援中对控制事态的发展起着决定性的作用，承担着火灾扑救、救人、破拆、重要物资转移与疏散等重要职责。该应急功能应明确：

（1）消防、事故责任部门等的职责与任务。

（2）消防与抢险的指挥与协调。

（3）消防与抢险的力量情况。

（4）可能的重大事故地点的供水及灭火系统情况。

（5）针对事故的性质，拟采取的扑救和抢险对策和方案。

（6）消防车、供水方案或灭火剂的准备。

（7）破拆、起重（吊）、推土等大型设备的准备。

（8）搜寻和营救人员的行动措施。

搜寻和营救行动通常由消防队执行，如果有人员受伤、失踪或困在建筑物中，就需要启动搜寻和营救行动。

12. 现场处置

在危险物质泄漏事故中，泄漏物的控制及现场处置工作对防止环境污染、保障现场安全、防止事故影响扩大都是至关重要的。泄漏物控制包括泄漏物的围堵、收容和洗消去污。

在泄漏物控制过程中，始终应坚持"救人第一"的指导思想，积极抢救事故区受伤人员，疏散受威胁的周围人员至安全地点，将受伤人员送往医疗机构。

应急总指挥在处置过程中要始终掌握事故现场的情况，及时调整力量，组织轮换；在可能发生重大突变情况时，应急总指挥要果断做出强攻或转移撤离的决定，以避免更大的伤亡和损失。

13. 现场恢复

现场恢复是指将事故现场恢复到相对稳定、安全的基本状态。

只有在所有火灾扑灭、没有点燃危险存在、所有气体泄漏物质已经被隔离、剩余气体被驱散、环境污染物被消除，满足规定的条件时，应急总指挥才可以宣布结束应急状态。

当应急结束后，应急总指挥应该委派恢复人员进入事故现场，清理重大破坏设施，恢复被损坏的设备和设施，清理环境污染物处置后的残余等。

在应急结束后，事故区域还可能存在危险，如残留有毒物质、可燃物继续爆炸、建筑物结构由于受到冲击而倒塌等。因此，还应对事故及受影响区域进行检测，以确保恢复期间的安全。环保监测部门的监测人员应该确定受破坏区域的污染程度或危险性。如果此区域可能给相关人员带来危险，安全人员就要采取一定的安全措施，包括发放个人防护装备、通知所有进入人员有关受破坏区的安全限制等。

恢复工作人员应该用彩带或其他设施将被隔离的事故现场区域围成警戒区。公安部门或保安人员应防止无关人员入内，还要通知保安人员如何应对管理部门的检查。

事故调查主要集中在事故如何发生及为何发生等方面。事故调查的目的是找出操作程序、工作环境、安全管理中需要改进的地方，评估事故造成的损失或环境危害等，以避免事故再次发生。一般情况下，需要成立事故调查组。

三、特殊风险预案

特殊风险预案是主要针对具体突发和后果严重的特殊危险事故或突发事件及特殊条件下的事故应急响应而制定的指导程序。特殊风险预案的具体内容是根据不同事故或事件情况设定的，通常除了包括基本应急程序的行动内容外，还应包括特殊事故或事件的特殊应急行动，它是前两部分的重要补充。

特殊风险预案是在公共安全风险评价的基础上，进行可信不利场景的危险分析，提出其中若干类不可接受风险。根据风险的特点，针对每一特殊风险中的应急活动，分别划分相关部门的主要负责、协助支持和有限介入三类具体的职责。不同企业和不同行业的风险不同，事故类型也不同，应针对其不同的特殊风险水平来制定相应的特殊风险预案内容。对于危险化学品事故中的危险性较大、影响程度较严重的场景，如剧毒化学品的泄漏、核事故等，需要制定特殊的风险处置预案。

四、应急标准化操作程序

应急标准化操作程序（SOPs）是对"基本预案"的具体扩充，说明各项应急功能的实施细节，其程序中的应急功能与"应急功能设置"部分协调一致，其应急任务符合"特殊风险预案"的内容和要求，并对"特殊风险预案"的应急流程和管理进一步细化。同时，SOPs内涉及的一些具体技术资料信息等可以在"支持附件"部分查找，以供参考。由此可见，应急预案的各部分相互联系、相互作用、相互补充，构成了一个有机整体。SOPs是城市或企业的综合预案中不可缺少的最具可操作性的部分，是应急活动不同阶段如何具体实施的关键指导文件。

应急标准化操作程序主要是针对每一个应急活动执行部门，在进行某几项或某一项具体应急活动时所规定的操作标准。这种操作标准包括一个操作指令检查表和对检查表的说明。一旦应急预案启动，相关人员就可按照操作指令检查表，逐项落实行动。应急标准化操作程序是编制应急预案中最重要和最具可操作性的文件，回答了在应急活动中谁来做、如何做和怎样做的一系列问题。突发事故的应急活动需要多个部门参加，应急活动是由多种功能组成的，所以每一个部门或功能在应急响应中的行动和具体执行的步骤要有一个程序来指导。事故的发生是千变万化的，会出现不同的情况，但应急程序是有一定规律的，标准化的内容和格式可保证在错综复杂的事故中不会造成混乱。一些成功的救援大多是因为制定了有效的应急预案，才使事故发生时可以做到迅速报警，通信系统及时地传达有效信息，各个应急响应部门职责明确、分工清晰、忙而不乱，在复杂的救援活动中井然有序。例如，制定政府环保部门警情接报与报告、某类污染事故应急监测的标准化工作程序。

应争标准化操作程序中应明确应急功能、应急活动中的各自职责、具体负责部门和负责人。还应明确在应急活动中具体的活动内容、具体的操作步骤，并应按照不同的应急活动过程来描述。

SOPs 的目的和作用决定了其基本要求。一般来说，作为一个SOPs，其基本要求如下。

1. 可操作性

SOPs 就是为应急组织或人员提供详细、具体的应急指导的，因此必须具有可操作性。SOPs 应明确目的、执行任务的主体、时间、地点、具体的应急行动、行动步骤、行动标准等，使应急组织或个人参照 SOPs 都可以有效、高速地开展应急工作，而不会因受到紧急情况的干扰导致手足无措，甚至出现错误的行为。

2. 协调一致性

在应急救援过程中会有不同的应急组织或应急人员参与，并承担不同的应急职责和任务，开展各自的应急行动，因此 SOPs 在应急功能、应急职责及与其他人员配合方面，必须要考虑相互之间的接口，应与基本预案的要求、与应急功能设置的规定、与特殊风险预案的应急内容、与支持附件提供的信息资料以及与其他 SOPs 协调一致，不应该有矛盾或逻辑错误。如果应急活动可能扩展到外部时，那么在相关 SOPs 中应留有与外部应急救援组织机构的接口。

3. 针对性

由于突发事故发生的种类、地点和环境、时间、事故演变过程的差异，应急救援活动呈现出复杂性，SOPs是依据特殊风险预案部分对特殊风险的状况描述和管理要求，结合应急组织或个人的应急职责和任务而编制的相应程序。每个SOPs必须紧紧围绕各程序中应急主体的应急功能和任务来描述应急行动的具体实施内容和步骤，要有针对性。

4. 连续性

应急救援活动包括应急准备、初期响应、应急扩大、应急恢复等阶段，是连续的过程。为了指导应急组织或人员能在整个应急过程中发挥其应急作用，SOPs必须具有连续性。同时，随着事态的发展，参与应急的组织和人员会发生较大变化，因此还应注意SOPs中应急功能的连续性。

5. 层次性

SOPs可以结合应急组织的组织机构和应急职能的设置，分成不同的应急层次。如针对某公司可以有部门级应急标准化操作程序、班组级应急标准化操作程序，甚至到个人的应急标准化操作程序。

五、支持附件

应急活动的各个过程中的任务实施都要依靠支持附件的配合和支持。这部分内容最全面，是应急的支持体系。支持附件的内容很广泛，一般应包括：

1. 组织机构附件。
2. 法律法规附件。
3. 通信联络附件。
4. 信息资料数据库附件。
5. 技术支持附件。
6. 协议附件。
7. 通报方式附件。
8. 重大危险化学品事故处置措施附件。

第三节　应急预案编制的核心要素

　　在编制应急预案时，一个重要问题是应急预案应包括哪些基本内容，才能满足应急活动的需求。因为应急预案是整个应急管理工作的具体反映，它的内容不仅局限于事故或事件发生过程中的应急响应和救援措施，还应包括事故发生前的各种应急准备和事故发生后的紧急恢复，以及预案的管理与更新等。因此，完整的应急预案编制应包括以下一些基本要素，即六个一级关键要素，包括：

　　1. 方针与原则。

　　2. 应急策划。

　　3. 应急准备。

　　4. 应急响应。

　　5. 现场恢复。

　　6. 预案管理与评审改进。

　　这六个一级要素之间既具有一定的独立性，又紧密联系，从应急的方针、策划、准备、响应、恢复到预案的管理与评审改进，形成了一个有机联系并持续改进的应急管理体系。根据一级要素中所包括的任务和功能，应急策划、应急准备和应急响应三个一级关键要素，可进一步划分成若干个二级小要素。所有这些要素构成了突发事故应急预案的核心要素，这些要素是编制应急预案时应当涉及的基本方面。在实际编制时，根据突发事故的风险和实际情况的需要，也为便于预案内容的组织，可根据自身实际，将要素进行合并，增加，重新排列或适当的删减等，见表3—1。这些要素在应急过程中也可视为应急功能。

表 3—1 　　　　　　突发事件应急预案编制核心要素

突发事件应急预案编制核心要素	1. 方针与原则	
	2. 应急策划	2.1　危险分析 2.2　资源分析 2.3　法律法规要求
	3. 应急准备	3.1　机构与职责 3.2　应急资源 3.3　教育、训练和演练 3.4　互助协议
	4. 应急响应	4.1　接警与通知 4.2　指挥与控制 4.3　警报和紧急公告 4.4　通信 4.5　事态监测与评估 4.6　警戒与治安 4.7　人群疏散与安置 4.8　医疗与卫生 4.9　公共关系 4.10　应急人员安全 4.11　消防与抢险 4.12　现场处置
	5. 现场恢复	
	6. 预案管理与评审改进	

一、方针与原则

　　无论是何级或何种类型的应急救援体系，首先必须有明确的方针和原则，作为开展应急救援工作的纲领。方针与原则反映了应急救援工作的优先方向、政策、范围和总体目标，应急的策划和准备、应急策略的制定和现场应急救援及恢复，都应当围绕方针和原则开展。

突发事故应急救援工作是在预防为主的前提下，贯彻"统一指挥、分级负责、区域为主、单位自救和社会救援相结合"的原则。其中预防工作是应急救援工作的基础。除了平时做好事故的预防工作，避免或减少事故的发生外，还要落实好救援工作的各项准备措施，做到预先有准备，一旦发生事故就能及时实施救援。

二、应急策划

应急预案最重要的特点是要有针对性和可操作性。因而，应急策划必须明确预案的对象和可用的应急资源情况，即在全面系统地认识和评价所针对的潜在事故类型的基础上，识别出重要的潜在事故及其性质、区域、分布及事故后果，同时，根据危险分析的结果，分析评估应急救援力量和资源情况，为所需的应急资源准备提供建设性意见。在进行应急策划时，应当列出国家、地方相关的法律法规，作为制定预案和应急工作授权的依据。因此，应急策划包括危险分析、应急能力评估（资源分析）以及法律法规要求3个二级要素。

三、应急准备

应急准备主要是指针对可能发生的突发事件，应做好的各项准备工作。能否成功地在应急救援中发挥作用，取决于应急准备的充分与否。应急准备是基于应急策划的结果，明确所需的应急组织及其职责权限、应急队伍的建设和人员培训、应急物资的准备、预案的演练、公众的应急知识培训、签订必要的互助协议等。

四、应急响应

应急响应能力的体现，应包括需要明确并在应急救援过程中实施的核心功能和任务。这些核心功能具有一定的独立性，又互相联系，构成应急响应的有机整体，共同完成应急救援目的。

应急响应的核心功能和任务包括接警与通知、指挥与控制、警报和紧急公告、通信、事态监测与评估、警戒与治安、人群疏散与安置、医疗与卫生、公共关系、应急人员安全、消防和抢险、现场处置等。

当然，根据突发事件风险性质以及应急主体的不同，需要的核心应急功能也有一些差异。如发生危险化学品事故后，政府环保部门应急响应中的应急功能和任务分工主要在于事态的监测与评估及现场处置方面，而其他应急功能方面起到技术支持和协调配合的作用。

五、现场恢复

现场恢复是事故发生后期的处理。如泄漏物的污染问题处理、环境污染评估、伤员的救助、后期的保险索赔、生产秩序的恢复等一系列问题。

六、预案管理与评审改进

预案管理与评审改进强调在事故后（或演练后）对于预案不符合和不适宜的部分进行不断地修改和完善，使其更加适宜于实际应急工作的需要，但预案的修改和更新要有一定的程序和相关评审指标。

第四节　应急预案编制步骤

一、成立应急预案编制小组

应急预案本身的作用，最重要的是在应急过程中的实用性和可操作性。应急预案的编制是一个复杂的过程，因为应急预案的内容涉及诸多领域，包括多个组织和技术方面。组织应急预案的编制工作，首先要成立应急预案编制小组，由专人或小组负责应急管理计划的编制。下面就小组成员的构成提出有关建议。

首先，应急预案编制小组的规模取决于应急预案的适用领域、涉及范围等情况。成立编制小组的原则如下。

1. 部门参与

应鼓励更多的人员投入编制过程，尤其是一些与应急相关的部门，因为编制的过程本身就是一个磨合和熟悉各自活动、明确各自责任的过程。编制过程本身也是最好的培训过程。

2. 时间和经费

时间和必要的经费保证能使参与人员投入更多的时间和精力。应急预案编制是一个复杂的工程，涉及从危险分析、评价、脆弱性分析、资源分析到法律法规要求的符合性分析，从现场的应急过程到防护能力及演练。如果没有充足的时间和经费保证，就难以保证预案的编制质量。

3. 交流与沟通

各部门必须及时沟通，互通信息，提高预案编制过程的透明度和水平。在预案编制过程中，经常会遇到一些问题，或是职责不明确，或是功能不全，若这些问题在预案编制过程中不能及时沟通，则会导致出现功能和职责的重复、交叉或不明确等现象。

4. 专家系统支持

应急预案涉及多个领域的内容，预案的编写不仅是一个文件化的过程，更重要的是，它依据的是客观和科学的实际情况对事故或事件进行评价。编制一个与之相适应的应急响应能力的预案，预案的科学性、严谨性和可行性都是非常强的，只有对于这些领域的情况有深入的了解才能编写出有针对性的内容。

对于企业来讲，这个专家系统既可以利用外部的资源，也可充分发挥本企业的资源，如企业的设备管理操作人员、工程技术人员、设计人员等，他们在预案的编制过程中可以起到至关重要的作用。有时因企业的风险水平较高，或在进行安全评价中技术的要求难度较大，也可聘请一些专业的应急咨询机构和评价人员帮助开展其中的一些工作。

对于政府部门，在应对突发事件过程中，专家咨询也是一个不可或缺的环节，对危险化学品事故的事态评估、监测环境污染物的控制与消除方法等起到决策与咨询作用。因此，建立专家信息库，对于分类指导应急准备工作、正确评估事故时的事态进展、科学指导抢险和救援工作是十分必要的。

5. 编制小组人员要求

编制小组人员应有一定的专业知识、有团队精神、有社会责任感等。另外，应具有不同部门的代表性及公正性。

一定要明确参与具体编制的小组成员和专家系统，以及其他相关人员。在大多数情况下，可能该预案编制小组只有一两个人要承担大量的工作，负责具体的文字编写和组织工作。其他部门参与人员是非固定的，可各自负责需要编写的部分。编制过程应有一定时间集中讨论。编制小组应得到各相关功能部门的人员参与和保证，并应得到高层管理者的授权和认可。应以书面的形式或以企业下发文件的形式，明确指定各部门的参加人员，并得到本部门的认可。

6. 人员构成

针对企业应有以下部门人员参与：高层管理者、各级管理人员、财务部门、消防和保卫部门、各岗位工人、人力资源部、工程与维护部、安全健康与环境事务部、安全主管、对外联络部门（如办公室等）、后勤与采购部、医疗部门以及其他人员。政府部门在应急预案编制过程中也应将突发事故应急功能和相关职能部门人员纳入预案编制小组之中。

二、授权、任务和进度

1. 应急管理承诺

明确应急管理的各项承诺；通过授权应急预案编制小组采取编制计划所需的措施，形成团队精神。该小组应由最高管理者或者主要管理者直接领导。

小组成员和小组领导之间的权力应予以明确，但应保持充分交流的机会和必要的沟通。

2. 发布任务书

最高管理者或主要管理者应发布任务书，来明确对应急管理所做出的承诺。这些声明如下：

（1）确定编制应急预案的目的，指明将涉及的范围（包括整个组织）。

（2）确定应急预案编制小组的权力和结构。

3. 时间进度和预算

要明确确定工作时间进度表和预案编制的最终期限。明确任务的优先顺序，有利于在情况发生变化时可以对时间进度进行修改。

三、危险分析和应急能力评估

1. 初始评估

应急方应根据实际情况，通过实施初始评估，对现有的应急能力、可能发生的危险和突发事故紧急情况、掌握的有关信息、目前在处理紧急事故时的基本能力进行评估。初始评估工作应由应急编制小组中的专业人员进行，并与相关部门及重要岗位工作人员交流。

2. 危险分析

制定应急预案主要是针对可能发生的重特大事故、导致严重后果的一些事故，来采取相应的应急响应流程和处置措施。要了解可能导致重特大事故的情况，首先要对这些情况进行分析，进而提出有针对性的措施。

可采用一些具体的分析方法。强调重大事故和风险的分析，首先要界定范围，提倡分析的简化。

建立危害辨识与风险评价程序，使危险分析工作规范化。明确危险辨识包括的主要内容及危险物质调查包括的场所，重大危险源和重大危险化学品事故等，通过评估保证应急预案能满足最低事故发生率、最低人员及经济损失和最优化投资效益。

3. 脆弱性分析

当潜在的危险成为实际时，生命、财产和环境易受伤害或破坏。在危险识别的基础上进一步评价突发事故风险的脆弱性，即每一种紧急情况发生的可能性和潜在后果。可通过量化的指标，对可能性进行赋值、估算后果，并评估资源。

风险分析主要是考虑危险发生的可能性，以及这种情况发生的可能性大小。还要评估事故发生时可能造成的事故后果，如对人员伤害及财产损失、环境的影响等做出判断。

四、编制应急预案

编制应急预案必须在考虑应急主体的现状、需求和事故风险分析结果的基础上，大量收集和参阅已有的应急资料，以尽可能地减少工作量。

应急预案的编制过程如下：

1. 确定目标和行动的优先顺序。

2. 确定具体的目标和重要事项，列出完成任务的清单、工作人员清单和时间表。明确脆弱性分析中发现的问题和资源不足的解决方法。

3. 编制计划。

分配计划编制小组每个成员相应的编写内容，确定最合适的格式。

对具体的目标明确时间期限，同时保证为完成任务提供足够和必要的时间。

4. 为下列各项活动制定时间进度表。

初稿——评审——第二稿。

应急预案的编制流程如图 3—2 所示。

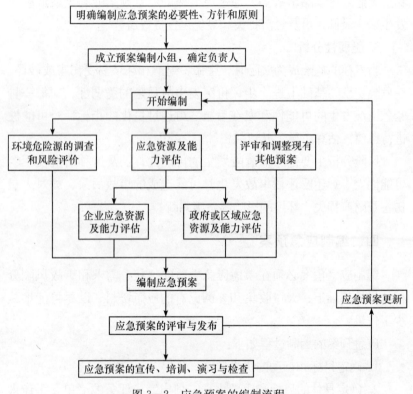

图 3—2　应急预案的编制流程

五、应急预案管理

应急预案是应急救援行动的指南性文件，为保证应急预案的有效性和与实际情况的符合性，必须对预案实施有效的管理，包括预案的发放登记、修改和修订等。

1. 预案的发放与登记

预案经批准后，应分发给有关部门，并建立发放登记表，记录发放日期、发放份数、文件登记号、接收部门、接收日期、签收人等有关信息，见表3—2。向社会或媒体分发用于宣传教育的预案可不包括有关标准化操作程序、内部通信簿等不便公开的专业、关键和敏感信息。

表 3—2　　　　　　　　　　预案发放登记表示例

序号	发放日期	份数	编号	接收部门	接收日期	签收人	备注

2. 预案的修改和修订

为不断完善和改进应急预案并保持预案的时效性，应就下述情况对应急预案进行定期和不定期的修改或修订：

（1）日常应急管理中发现预案的缺陷。

（2）训练或演练过程中发现预案的缺陷。

（3）实际应急过程中发现预案的缺陷。

（4）组织机构发生变化。

（5）人员及通信方式发生变化。

（6）有关法律法规标准发生变化。

（7）其他情况。

应规定组织预案修改、修订的负责部门和工作程序。预案修改时，填写预案更改通知单，见表3—3。经审核、批准后备案存档，并根据预案发放登记表，发放预案更改通知单复印件至各部门，以更新预案。

表 3—3　　　　　　　　预案更改通知单示例

更改通知单编号

更改文件名称				文件编号	
序号	更改页码	更改位置	序号	更改页码	更改位置

提出部门		编制人签字及日期	
审核人签字及日期		批准人签字及日期	
分发记录			
序号	接收部门	接收日期	签收人

　　当预案更改的内容变化较大、累计修改处较多，或已达到预案修订期限，则应对预案进行重新修订。预案的修订过程应采取与预案编制相同的过程，包括从成立预案编制小组到预案的评审、批准和实施全过程。预案经修订重新发布后，应按原预案发放登记表，收回旧版本预案，发放新版本预案并进行登记。

第五节　危险化学品事故应急预案编制示例

　　以下为某厂危险化学品事故应急救援预案编制示例：
　　单位名称：（签章）

预案编号：

签发人：

　　年　月　日发布　　　　　年　月　日实施

×××公司发布

目录（略）

引言

×××公司系×××企业，其中公司生产的产品中×××属于危险化学品。搞好安全生产管理，防止各类危险化学品事故的发生，是公司义不容辞的责任。

为确保公司、社会及人民生命财产的安全，防止突发性危险化学品事故发生，并能够在事故发生的情况下，及时、准确、有条不紊地控制和处理事故，有效地开展自救和互救，尽可能把事故造成的人员伤亡、环境污染和经济损失减少到最低程度，应做好应急救援准备工作，落实安全责任和各项管理制度。根据公司的实际情况，本着"快速反应、当机立断，自救为主、外援为辅，统一指挥、分工负责"的原则，按照国家安全生产监督管理局《危险化学品事故应急救援预案编制导则（单位版)》的规定，特制定×××公司危险化学品事故应急救援预案。

引用文件

下列文件中的条文通过在本预案引用而成为本预案的条文。凡是注日期的引用文件，其随后所有修改（不包括勘误的内容）或修订版均不适用于本预案。凡是不注日期的引用文件，其最新版本适用于本预案。

《中华人民共和国安全生产法》（中华人民共和国主席令第70号）（新版本自2014年12月1日起施行）

《中华人民共和国职业病防治法》（中华人民共和国主席令第60号）（新版本自2011年12月31日起施行）

《中华人民共和国消防法》（中华人民共和国主席令第83号）

（新版本自 2009 年 5 月 1 日起施行）

《危险化学品安全管理条例》（国务院令第 344 号）（新版本自 2011 年 12 月 1 日起施行）

《使用有毒物品作业场所劳动保护条例》（国务院令第 352 号）

《特种设备安全监察条例》（国务院令第 373 号）（新版本自 2009 年 5 月 1 日起施行）

《危险化学品名录》（国家安全生产监督管理局公告　2003 第 1 号）

《剧毒化学品目录》（国家安全生产监督管理局等八部门公告 2003 第 2 号）

《化学品安全技术说明书内容和项目顺序》（GB 16483）

《危险化学品重大危险源辨识》（GB 18218）

《建筑设计防火规范》（GB 50016）

《石油化工企业设计防火规范（附条文说明)》（GB 50160）

《常用化学危险品储存通则》（GB 15603）

《石油天然气工程设计防火规范》（GB 50183）

《企业职工伤亡事故经济损失统计标准》（GB/T 6721）

术语

1. 危险化学品

指属于爆炸品、压缩气体和液化气体、易燃液体、易燃固体、自燃物品和遇湿易燃物品、氧化剂和有机过氧化物、有毒品和腐蚀品的化学品。

2. 危险化学品事故

指由一种或数种危险化学品或其能量意外释放造成的人身伤亡、财产损失或环境污染事故。

3. 应急救援

指在发生事故时，采取的消除、减少事故危害和防止事故恶化，最大限度降低事故损失的措施。

4. 重大危险源

指长期地或临时地生产，搬运，使用或者储存的危险物品，且危险物品的数量等于或者超过临界量的单元（包括场所和设施）。

5. 危险目标

指因危险性质、数量可能引起事故的危险化学品所在场所或设施。

6. 预案

指根据预测危险源、危险目标、可能发生事故的类别、危害程度而制定的事故应急救援方案。预案应充分考虑现有物资、人员及危险源的具体条件，能及时、有效地统筹指导事故应急救援行动。

7. 分类

指根据因危险化学品种类不同或同一种危险化学品引起事故的方式不同而对发生的危险化学品事故划分的类别。

8. 分级

指对同一类别危险化学品事故危害程度划分的级别。

一、公司基本情况

1. 生产情况

××公司创建于××年，共有员工××××人，长期接触尘毒等危害人员共×××人，×××××。

公司生产工艺流程复杂，具有高温、高压、易燃、易爆、易腐蚀、尘毒危害严重、生产过程连续性强的化工生产特点，主要有×× 等产品。其生产能力见下表：

主要产品生产能力

产品名称	×× ×× ××× ××× ×
产量（t/年）	×× ×× ×× ×× ××
备注	××××

2. **地理位置**（略）

3. **交通情况**（略）

4. **地质和气象**（略）

5. **周边情况**（略）

6. **基础设施**（略）

二、危险目标及其危险特性、对周围的影响

1. 危险目标的确定

根据国家相关规定，结合公司危险化学品生产装置的现状评价报告和公司开展"一法三卡"对危险源和事故隐患进行识别、排查的结论，按照分类、分级制定应急救援预案的内容原则，确定公司相关场所或设施为危险目标。我公司对危险目标实行二级管理和应急救援，按公司级、分厂（部门）级和班组级划分。

（1）公司级危险目标。

1#目标：××液储罐××个　　规格：×××
高限储量××t

2#目标：××液储罐××个　　规格：×××
高限储量××个（70 t/个）

3#目标：××堆放场地，面积×××m²

4#目标

5#目标

上述×××项危险目标在生产区和辅助单位作业区域，目标分散，储存量大，是公司安全监控和管理的重点危险源。

（2）分厂（部门）级危险目标。

××分厂：××槽、××酸槽

硫酸分厂二工段：地下酸槽、干燥循环酸槽、一二吸循环酸槽

黄磷分厂（略）

2. 危险目标的危险特性和对周边环境的影响

(1) 1#和2#目标。1#和2#目标的主要危险源为硫酸，硫酸液储罐高限时可储存 2 150 t，其具有以下危险特性：

1) 物化特性。硫酸分子式为 H_2SO_4，分子量为 98.08，熔点为 10.5℃，沸点为 330℃，密度为 1.83 g/mL，具有吸水性、脱水性和强氧化性三大特性。硫酸的纯品为无色的透明液体，生产中因为含有其他杂质而成黑色状。它能与水以任意比混溶，在混溶的同时放出大量热量，甚至发生剧烈的沸腾现象。它具有助燃性，也是因其与吸收水分放热所致。它与易燃物（如苯）和有机物（如糖、纤维素等）接触后会发生剧烈反应，甚至燃烧。它具有强腐蚀性，在硫酸浓度较低时，能与一些中、活性金属粉末发生化学反应，放出氢气。浓硫酸与常见的铁、铝等金属易发生钝化作用，在金属表面形成一层致密的氧化保护膜，从而阻止硫酸同金属接触而继续造成腐蚀，故常用铁、铝材质制作而成的容器来储运浓硫酸，其禁忌物有碱类、碱金属、水、强还原剂、易燃或可燃物。

2) 健康危害性。

接触限值：中国 MAC：2 mg/m³　前苏联 MAC：1 mg/m³

美国 TWL：ACGIH　1 mg/m³　美国 STEL：ACGIH　3 mg/m³

毒性：LD_{50}：3.03 mg/kg（大鼠经口）　LC_{50}：无

硫酸属中等毒类，其对人体的侵入途径为吸入和食入。

对皮肤、黏膜等组织有强烈的刺激和腐蚀作用。对眼睛可引起结膜炎、水肿、角膜混浊，以致失明。对呼吸道可引起刺激症状，重者发生呼吸困难和肺水肿，高浓度的硫酸甚至会引起喉痉挛或声门水肿而死亡。口服后引起消化道烧伤以致溃疡形成，严重者可能有胃穿孔、腹膜炎、喉痉挛和声门水肿、肾损害、休克等。

慢性影响：牙齿酸蚀症、慢性支气管炎、肺水肿和肝硬化。

3) 对周边环境的影响。若发生硫酸大量泄漏，则除因人体接触造成的急性化学烧伤外，在高温天气时，硫酸还容易挥发，产生大量酸雾在空气中凝结随空气流动，在一定的条件和情况下，降落到农作物、植物枝叶表面造成酸蚀，破坏农作物、植物的正常生长发育，甚至导致死亡。它还会影响空气质量，污染区内会造成人和动物呼吸障碍以及呼吸系统病症。

大量泄漏若处理不当，使硫酸流过地面，则会破坏地坪，使土壤酸化或者腐蚀作物、植物根系，导致作物、植物死亡或者减产。同时，硫酸也会通过土壤渗透或者直接进入水系，污染水源，使水质酸化或增加酸性，导致工、农业用水无法使用或者增加处理成本。污染生活用水时，导致水源无法饮用或者增加处理成本。

（2）3♯目标。3♯目标主要储存的危险源为黄磷，在成品磷堆放场地上主要为用密闭桶包装的黄磷。分厂另外有受磷槽和精制槽18个，在高限时，槽内可储存黄磷 216 t。其具有以下危险特性：

1）物化特性。黄磷分子量为 123.89，密度为 1.82 g/cm³（20℃），熔点为 44.1℃，沸点为 280℃，其又称为白磷，无色蜡状固体，有大蒜气味，在水下储存时为黄色，故称黄磷，在暗处发出淡蓝绿色的磷光。黄磷几乎不溶于水，难溶于乙醇，可溶于乙醚、苯及氯仿中，易溶于二硫化碳。黄磷属于自燃物品，在空气中 34℃时即可燃烧，伴随放出大量的烟雾，直接降低能见度。受撞击、摩擦或与氯酸钾等氧化剂接触能立即燃烧，甚至爆炸。禁忌物有强氧化剂、酸类、卤素、硫等，一般要求保存于水中，要避免受热和直接光照接触。

2）健康危害。黄磷属高毒类物质，在公安部发布的 GA58—1993《剧毒品品名表》中划定为 A 级无机剧毒品，编号为：A1043。黄磷对人的最小致死量为 0.1～0.5 g（注：参考资料不同，数值有一定差异，有的资料为 0.05 g）。

磷从呼吸道，消化道或皮肤进入人体后，大部分以元素磷状态存在，小部分被氧化为磷的低氧化合物循环于血液中。磷被人体吸收后，逐渐储存于肝脏和骨组织内，黄磷在体内使磷酸量增高，加速体内排钙，引起骨骼脱钙，且可引起机体氧化过程抑制，蛋白质及脂肪代谢障碍，尿中氨基酸、脂肪酸及总氮量增加，乳酸、磷酸盐及钙盐排出增加，肝糖原减少，血糖降低，血中乳酸增多。

接触限值：中国 MAC：0.03 mg/m³　前苏联 MAC：20 mg/m³

美国 TWL：ACGIH　0.1 mg/m³　美国 STEL：未制定标准

毒性：LD_{50}：3.03 mg/kg（大鼠经口）　　LC_{50}：无

生殖毒性：大鼠经口最低中毒剂量（TDL0）11 μg/kg（孕 1～22 天），对雌性生育指数有影响，植入后死亡率升高和每窝胎数改变。

急性中毒，多数由于熔化的磷灼伤引起，如泥磷、成品磷等，除皮肤灼伤外，尚有不同程度的谷一丙转氨酶升高，2～4 周后恢复。液态磷皮肤二度灼伤 7%可引起急性溶血性贫血，导致急性肾功能衰竭。

误服黄磷及其制品可引起中毒，其制品主要以含磷废水为主要中毒源，其中毒表现可分为三期：

A　立即反映期：出现口腔、咽喉糜烂，充血、恶心、腹痛腹泻，严重者可发生休克。

B　静止期：为 1～3 日，除胃部症状外，一般安静。

C　全身症状期：消化道与中毒性肝炎症状逐渐出现，有肝大、黄疸、血糖低、凝血时间长，出血性紫癜及白细胞减少，尿血、水尿，严重者有肝昏迷。

慢性中毒：多属呼吸道吸入所致，中毒主要来源于磷蒸气及燃烧产生烟雾。主要表现：骨骼损害、神经衰弱与消化道功能紊乱。早期症状为鼻咽部干燥，牙痛、牙松动、牙龈脓肿及脱牙，神经症状有头痛、头昏、失眠多梦、乏力等，呼吸道方面有鼻及咽喉萎缩性炎症、慢性气管炎及肺气肿。

3）对周边环境的影响。磷及其化合物主要是通过大气和水体两种途径造成环境污染。黄磷大量燃烧时，伴随产生大量的烟雾，直接降低能见度，其燃烧时生成五氧化二磷，并与空气中水结合生成磷酸液滴，伴随空气流动。在一定条件下，液滴降落到农作物、植物枝叶表面可能造成酸蚀，破坏农作物、植物的正常生长发育，甚至导致死亡。有燃烧烟雾的污染区内，空气质量下降，会造成人和动物呼吸障碍、轻度呼吸系统病症以及神经性综合征等。

黄磷几乎不溶于水，但是其高温熔化后有较小状态的磷单质溶解于水中以及燃烧后形成磷酸进入水体，从而造成水体污染。被污染水体排放时，会使土壤酸化或者腐蚀作物、植物根系，导致作物、植物死亡或者减产。单质的磷能够在土壤表面沉积，水分蒸发后，会自燃，周围若有易燃或可燃物则会引发火灾。同时，也会通过土壤渗透或者直接进入水系，污染水源，使水质带毒、酸化，导致工、农业用水无法使用或者增加处理成本。污染生活用水时，人和动物误服将造成磷中毒，甚至死亡，因此污染水源无法饮用。

（3）4#目标。4#目标的主要危险源为汽油，主要是供公司内部车辆运行使用。

1）物化特性。汽油的分子式为 $C_5H_{12} \sim C_{12}H_{26}$，无色或淡黄色易挥发液体，具有特殊臭味，不溶于水，易溶于苯、二硫化碳、醇、脂肪等。它属于第 3.1 类低闪点易燃液体，危害等级为Ⅳ级，属低毒类；熔点 $< -60℃$；沸点为 $40 \sim 200℃$；闪点为 $-50℃$；引燃温度为 $415 \sim 530℃$；相对密度为 $0.7 \sim 0.79$（空气 = 1）；禁忌物有强氧化剂。

爆炸极限下限为 1.3%，上限为 6.0%；最大爆炸压力为 0.813 MPa。

我国最高容许浓度（MAC）：300.0 mg/m³。

其蒸气与空气可形成爆炸性混合物；遇明火、高热极易燃烧爆炸；与氧化剂能发生强烈反应。

其蒸气比空气重，能在较低处扩散到相当远的地方，遇明火会引着回燃。对存储、盛装过汽油的储槽、储罐、管道等设备进行检修动火作业时，有发生火灾、爆炸的危险；其储存设备、管道为禁火设备，其存储区域为禁火区。

2) 健康危害。汽油为麻醉性毒物，主要对中枢神经系统有麻醉作用。

慢性中毒：神经衰弱综合征、植物神经功能紊乱、周围神经病；严重中毒时出现中毒性脑病，症状类似于精神分裂症；皮肤损害。

急性中毒：轻度中毒症状有头晕、头痛、恶心、呕吐、步态不稳、共济失调；高浓度吸入时会出现中毒性脑病；极高浓度吸入时会引起意识突然丧失、反射性呼吸停止；可伴有中毒性周围神经病及化学性肺炎，部分患者出现中毒性精神病；液体吸入呼吸道可引起吸入性肺炎。溅入眼内可致角膜溃疡、穿孔，甚至失明。皮肤接触可致急性接触性皮炎，甚至灼伤。吞咽可引起急性胃肠炎，重者出现类似于急性吸入中毒症状，并可引起肝、肾损害。

3) 对周边环境的影响（略）。

（4）5#目标。5#目标的主要危险源为柴油，主要是供公司内部车辆运行使用。

1) 物化特性。柴油为稍有黏性的棕色液体，熔点为-18℃，沸点为282~338℃，闪点为38℃，引燃温度为257℃，相对密度：0.87~0.90（水=1），属第3.3类高闪点易燃液体；危害等级Ⅳ级，属低毒物类物质，禁忌物有强氧化剂、卤素；遇明火、高热或与氧化剂接触，有引起燃烧爆炸的危险。若遇高热，则容器内压增大，有开裂和爆炸的危险。对存储、盛装过柴油的储槽、储罐、管道等设备进行检修动火作业时，有发生火灾、爆炸的危险；其储存设备、管道为禁火设备，其存储区域为禁火区。

2) 健康危害。本品对皮肤组织有不定期的刺激作用，皮肤接触柴油可引起接触性皮炎、油性痤疮，吸入可引起吸入性肺炎；能经胎盘进入胎儿血中。柴油废气可引起眼、鼻刺激症状，头晕及头痛。

3) 对周边环境的影响（略）。

三、危险目标周围可利用的安全、消防、个体防护装备、器材及其分布（略）

四、应急救援组织机构、组成人员和职责划分

1. 指挥机构

成立×××公司危险化学品事故应急救援指挥领导小组，负责组织实施危险化学品事故应急救援工作。指挥领导小组由以下人员组成：

总指挥：××（总经理）

副总指挥：××（生产副总经理）、××（技术副总经理）

成员：××（生产安全管理部部长）、××（安全环保部部长）、××（技术部部长）、××（保卫科科长）、××（卫生所所长）、××（供应部部长）、××（机械运输工程队队长）、××（××分厂厂长）、××（××分厂厂长）、××（××分厂厂长）

在生产安全管理部设立危险化学品事故应急救援办公室，负责日常的工作。发生重大事故时，启动应急救援预案，负责通知指挥领导小组所有成员参加事故应急救援处理工作。

发生重大事故时，以指挥领导小组为中心，负责公司应急救援工作的组织和指挥，指挥部设在生产安全管理部。如总经理不在企业时，由生产副总经理全权负责应急救援指挥工作。总经理和生产副总经理皆不在企业时，由技术副总经理全权负责应急救援指挥工作。在非常特殊的情况下，总指挥和副总指挥均不在企业时，由生产安全管理部部长全权代理总指挥负责应急救援指挥工作。

2. 主要职责

（1）应急救援指挥领导小组：

1）负责企业危险化学品事故应急救援预案的制定、修订。

2）组织应急救援专业队伍，并组织实施和演练。

3）检查、督促做好危险化学品事故的预防措施和应急救援的各项准备工作。

（2）指挥部：

1）发生危险化学品事故时由指挥部发布和解除应急救援命令、信号。

2）组织和指挥救援队伍实施救援行动，负责人员、资源配置以及应急队伍的调动。

3）向上级和当地政府有关部门汇报事故情况，必要时按总指挥命令向外发出救援请求。

4）协调事故现场有关工作，组织事故调查，总结应急救援经验教训。

（3）指挥部人员：

1）总指挥——总经理。组织指挥全企业的危险化学品事故应急救援工作。

2）副总指挥——生产副总经理。协助总指挥负责救援具体工作。向总指挥提出救援过程中生产运行方面应考虑和采取的安全措施。

3）副总指挥——技术副总经理。协助总指挥负责救援具体工作。向总指挥提出救援过程中技术方面应考虑和采取的安全措施。

4）生产安全管理部部长。

——负责事故应急处理时生产系统的开停车调度工作。

——负责事故现场的通讯联络和对外联系。

——必要时代表指挥部对外发布有关信息。

——协助副总指挥负责工程抢险、抢修任务的指挥，可以对公司内人员、资源配置以及应急队伍进行调动。

5）生产安全管理部副部长。

——负责指挥事故的报警、情况通报、事故处理工作。

——负责指挥事故的现场及有关有害物扩散区的清洗、监测、检查工作，污染区处理直至无害。

6）保卫科长。

——负责指挥因危险化学品事故造成的火灾灭火、现场救助。

——负责事故现场划定禁区的警戒指挥工作，维护治安保卫。

——负责对事故后公司内道路交通管制工作，协调人员紧急撤离的安全疏散工作，保证人员的安全撤离。

7）供应部部长。

——负责指挥抢修救援物资的供应调配工作。

8）卫生所所长。

——负责现场医疗救护指挥工作。

——负责对中毒、受伤人员分类抢救和护送转院组织工作。

9）机械运输工程队队长。

——负责抢险、抢修、应急救援物资的运输组织工作。

10）分厂厂长。

——负责组织本单位员工的安全撤离和紧急疏散工作，对人员进行清点，向指挥部报告单位员工伤亡、失踪等安全情况。

——向指挥部报告本单位危险化学品事故事态和应急救援处理进展情况。

——按指挥部命令，事故应急处理时，指挥本单位生产系统进行安全的开、停车。

——按指挥部命令，组织对本单位的抢险、抢修应急人员进行事故应急救援处理工作。

（4）应急救援专业队伍组成及分工。公司各职能部门和全体员工都负有危险化学品事故应急救援的责任，各专业队伍是危险化学品事故应急救援的骨干力量，担负着公司内各类危险化学品事故的救援和处置工作。

1）抢险、抢修队。由事故所属单位的维修工、电工组成，必要时指挥部可以调动其他单位以及机修分厂的维修工、电工参与事故单位抢险、抢修队。

生产安全管理部指挥事故的抢险、抢修任务。

2）物资供应队。由供应部负责，担负事故抢险、抢修所需物资的供应任务。

3）运输队。由机械运输工程队负责，担负事故抢险、抢修物资的运输任务。

4）医疗救护队。由卫生所和小车班组成，由卫生所负责，听从卫生所所长的指挥调配，担负事故过程中受伤、中毒等人员的运送、初步救护处理、治疗、转院等工作。

五、报警、通信联络方式

依据现有资源评估，公司采用以下报警、通信联络方式：

1. 24 小时有效报警装置

公司内危险化学品事故报警方式采用内部电话和外部电话（包括手机、小灵通等无绳电话）线路进行报警，由指挥部根据事态情况通过公司广播向公司内部发布事故消息，做出紧急疏散、撤离等警报。需要向社会和周边发布警报时，由指挥部人员向政府以及周边单位发送警报消息。事态严重、紧急时，通过指挥部直接联系政府以及周边单位负责人，由总指挥部亲自向政府或负责人发布消息，提出要求组织撤离疏散或者请求援助，随时保持电话联系。

2. 24 小时内有效的内部、外部通信联络手段

公司应急救援人员之间采用内部和外部电话（包括手机、小灵通等无绳电话）线路进行联系，应急救援小组的电话必须 24 小时开机，禁止随意更换电话号码的行为。特殊情况下，电话号码如发生变更，必须在变更之日起 48 小时内向生产安全管理部报告。生产安全管理部必须在 24 小时内向各成员和部门发布变更通知。

六、事故发生后应采取的处理措施

公司员工实行严格的三级安全教育制度，每年度进行考核，并从班组、分厂到企业，实行化学事故预防和应急救援三级管理网络，充分提高职工的自救互救的能力，预防危险化学品事故及事故早发现、早处理的技能。

公司已经确定的危险目标均在生产区和辅助单位作业区内，属于禁火区域。危险目标的定期维护应制度化，一旦发生事故，现场人员就迅速汇报给指挥部（生产安全管理部）并及时投入抢险排除和初期应急处理，防止事故扩大和蔓延。

1. 事故处理预案

已确定目标具有易燃、易爆、易腐蚀、有毒有害等危险性，因此，一旦发生事故，处理不当或失控，就可能导致火灾、爆炸、多人中毒、灼伤、大面积的环境污染等严重危险状态。

2. 事故处理原则

（1）消除事故原因。

（2）阻断泄漏。

（3）把受伤人员运送到安全区域并及时抢救。

（4）将危险范围内无关人员迅速疏散、撤离现场。

（5）事故抢险人员应做好个人防护和必要的防范措施后，迅速投入排险工作。

七、人员疏散方案

接到某区域需要疏散人员的警报时，区域内的人员迅速、有序地撤离危险区域，并到指定地点结合，从而避免人员伤亡。装置负责人在撤离前，利用最短的时间，关闭该领域内可能会引起更大事故的电源、管道阀门等。

1. 事故现场人员的撤离

人员自行撤离到上风口处，由当班班组长负责清点本班组人数。当班班组长应组织本班组人员有秩序地疏散，疏散顺序从最危险地段的人员先开始，相互兼顾照应，并根据风向指明集合地点。人员在安全地点集合后，班组长清点人数后，向分厂厂长或者值班长报告人员情况。若发现缺员，则应报告所缺员工的姓名、事故前所处位置等。

2. 非事故现场人员的紧急疏散

由事故单位负责报警，发出撤离命令，接到命令后，当班负责人组织疏散，人员接到通知后，自行撤离到上风口处。疏散顺序从最危险地段的人员先开始，相互兼顾照应，并根据风向指明集合地点。人员在安全地点集合后，负责人清点人数后，向事故分厂厂长（部门负责人）或者值班长报告人员情况。若发现缺员，则应报告所缺人员的姓名、事故前所处位置等。

3. 抢救人员在撤离前、撤离后的报告

负责抢险和救护的人员在接到指挥部通知后，立即带上救护和防护装备赶赴现场，等候调令，听从指挥。由队长（或者组长）分工，分批进入事发点进行抢险或救护。在进入事故点前，队长必须向指挥部报告每批参加抢修（或救护）人员的数量和名单并登记。

抢修（或救护）队完成任务后，队长向指挥部报告任务执行情况以及抢险（或救护）人员安全状况，申请下达撤离命令，指挥部根据事故控制情况，必须做出撤离或继续抢险（或救护）的决定，向抢险（或救护）队下达命令。队长接到撤离命令后，带领抢险（或救护）人员撤离事故点至安全地带，清点人员，向指挥部报告。

4. 周边区域的单位、社区人员疏散的方式、方法

当事故危及周边单位、社区时，由指挥部人员向政府以及周边单位书面发送警报。事态严重、紧急时，通过指挥部直接联系政府以及周边单位负责人，由总指挥部亲自向政府或负责人发布消息，

提出要求组织撤离疏散或者请求援助。在发布消息时，必须发布事态的缓急程度，提出撤离的具体方法和方式。撤离方式有步行和车辆运输两种。撤离方法中应明确采取的预防措施、注意事项、撤离方向和撤离距离。撤离必须是有组织性的。

八、危险区的隔离

1. 危险区的设定

公司发生危险化学品事故时，按危险程度分为三个区域，分别为事故中心区、事故波及区和受影响区。

(1) 事故中心区：即距离事故现场 0～500 m 区域。此区域空气中危险化学品浓度很高，并伴有爆炸、火灾发生，建筑物设施和设备的损坏，人员急性中毒的危险。

(2) 事故波及区：指距离事故现场 500～2 000 m 区域。该区域空气中危险化学品浓度较高，造成作用时间长，有可能发生人员或物品的伤害和损坏，或者有轻度中毒危险。

(3) 受影响区：指事故波及区外可能受影响的区域。该区域可能有从事故中心区和事故波及区扩散的小剂量危险化学品危害。

2. 事故现场隔离区的划定、方法

为防止无关人员误入现场而受到伤害，按危险区的设定，划定事故现场隔离区范围。

(1) 事故中心区以距事故中心约 500 m 道路口上设置红白相间警戒色带标识，写上"事故处理，禁止通行"字样，在圆周每 50 m 距离上设置一个警戒人员。专业警戒人员（保卫科）必须着正规服装，并佩戴印有"警戒"标识字样的袖套。义务警戒人员必须佩戴印有"警戒"标识字样的袖套。若政府其他部门的人员参与警戒，则必须着正规服装。

(2) 事故波及区以距事故中心约 2 000 m 道路口上设置红白相间警示色带标识，写上"危险化学品处理，禁止通行"字样，在路

口设身着制服带"警戒"标识字样袖套一人。

3. 事故现场周边区域的道路隔离或交通疏导办法

（1）事故中心区外的道路疏导由保卫科负责，在警戒区的道路口上设置"事故处理，禁止通行"字样的标识，并指定人员负责指明道路绕行方向。

（2）事故波及区外的道路由政府交通管理部门负责，禁止任何车辆和人员进入，并负责指明道路绕行方向。

九、检测、抢救、救援及控制措施

1. 检测

（1）硫酸泄漏的检测。采用目测和化验分析方法确定污染程度。

目测：指人员沿被污染路线，查找污染界线，确定污染面积。由生产安全管理部负责。

化验分析：指对被污染的水源、水系、土壤进行现场和取样的酸度分析，采用 pH 试纸和化验室分析。水系污染由质管部中心化验室负责。土壤的污染分析取样后，送往专业检测机构检验。现场检测采用气相色谱法、硝酸银分光光度法。

（2）黄磷泄漏的检测。采用目测和化验分析方法进行。

目测：指人员沿被污染路线，查找污染界线，确定污染面积。由生产安全管理部负责。

化验分析：指对被污染的水源、水系、土壤进行现场和取样的酸度分析，采用 pH 试纸和化验室分析。分析取样后，送往专业检测机构检验。现场检测采用氰化钡比色法。

（3）汽油和柴油泄漏的检测。采用目测方法进行。主要确定污染面积。

2. 抢险、救援

（1）抢救原则。

1）发生伤亡事故时，抢救、急救工作要分秒必争，及时、果断、正确，不得耽误、拖延。

2）救护人员进入有毒气体区域时必须两人以上分组进行。

3）救护人员必须在确保自身安全的前提下进行救护。

4）救护人员必须听从指挥，了解中毒物质及现场情况，防护器具佩戴齐全。

5）迅速将伤员抬离现场，搬运方法要正确。

6）搬运伤员时需遵守下列规定：

①根据伤员的伤情，选择合适的搬运方法和工具，注意保护受伤部位。

②呼吸已停止或呼吸微弱以及胸部、背部骨折的伤员，禁止背运，应使用担架或双人抬送。

③搬运时动作要轻，不可强拉，运送要迅速及时，争取时间。

④严重出血的伤员，应采取临时止血包扎措施。

7）救护在高处作业的伤员，应采取防止坠落、摔伤的措施。

8）抢救触电人员必须在脱离电源后进行。

（2）人员防护。一般泄漏的防护要求如下。

呼吸系统的防护：可能接触其蒸汽或烟雾时，必须佩戴防毒面具或供气式头盔。

眼睛的防护：戴化学安全防护镜。

全身的防护：穿工作服（防腐材料制作）或防护服。

手的防护：戴橡胶手套。

参加救护、救援的人员必须按照防护规定着装，并注意风向，在黄磷、油类的燃烧救援时，应配备有照明灯具。

（3）人员监护。参加救护、救援的人员以互助监护为主，按照必须在确保自身安全的前提下进行救护的原则处理。在救援中因为不可预见的因素而导致队员受伤的，其他救援人员发现时必须向指挥部报告，并做出是否申请支援的决定，若申请支援时，则由指挥部下达预备救援队进入事故现场参加救援的命令。

3. 现场实时监测及异常情况下抢险人员的撤离条件、方法

（1）发生以下情况，应急救援、抢险人员可以先撤离事故现场再报告：

1）事故已经失控。

2）个体防护装备已经损坏，危及自身生命安全。

3）发生突然性的剧烈爆炸，危及自身生命安全。

（2）发生下列情况，指挥部必须下达让应急救援、抢险队员撤离的命令：

1）事故已经失控。

2）应急救援、抢险队员个体防护装备损坏，危及自身生命安全。

3）发生突然性的剧烈爆炸，危及自身生命安全。

4. 事故应急处理和控制措施

（1）硫酸泄漏处理。疏散泄漏污染区人员至安全区，禁止无关人员进入污染区，建议应急处理人员戴好面罩，穿化学防护服。不要直接接触泄漏物，勿使泄漏物与可燃物质（木材、纸、油等）接触，在确保安全情况下堵漏，堵漏方式可采取关闭阀门、带胶皮垫抱箍压紧包扎等方式。一系统酸库在酸储量较小时还可直接通过回酸管放到地下酸池，用泵转移到化肥分厂小酸库内。喷水雾减慢挥发（或扩散），但不要对泄漏物或泄漏点直接喷水。用砂土、磷矿粉或石灰混合，然后收集运至废物处理场所处置，也可以用大量水冲洗，经稀释的洗水放入废水系统。

大量泄漏：构筑围堤或者利用挖坑收容，用泵转移至槽车或专用收集器内，经回收或废物处理场所无害处置后废弃。

尽可能切断泄漏源，防止硫酸进入下水道、排水沟等限制性空间。

若已经发生硫酸进入限制性空间，则应向这些被污染的水系冲入石灰浆，降低水系酸性。

（2）黄磷泄漏处理。隔离泄漏区，周围设警告标志，切断火源。建议应急处理人员戴好防毒面具，穿化学防护服。不要直接接触泄漏物，在确保安全的情况下堵漏。用水、潮湿的沙或泥土覆盖，然后收入金属容器内并保存于水或矿物油中。

如果大量泄漏，就必须向消防队报告，请求救援。采用大量的雾状水对准起火点喷射覆盖冷却（喷水操作应站立于上风口），应采取逐步推进的方式进行。在地势低凹点围堤放水，尽可能切断泄漏源，防止进入下水道、排水沟等限制性空间。发生容器泄漏的，可以直接冷却容器外表以及泄漏点，泄漏点冷却后可以用黏土直接覆盖作临时处理，将磷转移后修补泄漏点。

灭火后应急人员佩戴相应防护服装，进入现场清理被冷却黄磷至专用容器内，并储存于水下，然后回收至存储池内。在清理过程中，未确认已经完全清理干净残磷前，灭火雾状水不得关闭。

（3）汽油和柴油事故的处理。

1）泄漏处理（未燃烧）。及时发现，及时报告；迅速撤离泄漏区人员至安全区，并进行隔离、设警示标志，严格限制出入，禁止无关人员进入泄漏污染区。注意个体保护，严禁身体任何部位直接接触泄漏物，建议应急处理人员戴自给正压式呼吸器，穿消防防护服。尽可能切断泄漏源，防止进入下水道、排水沟等限制性空间。小量泄漏：用砂土蛭石或其他惰性材料吸收，或在保证安全情况下，就地焚烧。大量泄漏：构筑围堤或挖坑收容；用泡沫覆盖，降低蒸汽灾害；用防爆泵转移至槽车或专用收集器内，回收或运至废物处理场所处置。

2）燃烧处理。必须立即报告火警，请求救援。消防或灭火人员穿着一般消防服，喷洒雾状水冷却容器，在可能的情况下，应尽量把容器从火场移至空旷处，切断火源，注意周围情况，防灼烫和烧伤；灭火时，注意当时风向，必须站在上风向上，用砂土及二氧化碳、干粉、1211、泡沫灭火器等进行灭火，不宜采用直流水进行灭火。

十、受伤人员现场救护、救治与医院救治

1. 检伤人员分类

按照公司危险化学品可能导致的伤害，受伤人员按以下分类：

（1）化学性烧伤。包括黄磷体表烧伤和硫酸体表烧伤两种，其中也包括眼部的接触烧伤。主要伤害对象为岗位作业人员和应急救援人员。

（2）高温物理性烧伤。包括直接接触高温物体表面的烧伤，高温的水、汽烫伤，发生爆炸事故而导致的高温烫伤以及高温热焰烧伤。主要伤害对象为岗位作业人员、爆炸危险源（点）50 m半径范围内的居民、应急救援人员。

（3）误食有毒物质的中毒。包括误食磷中毒、硫酸消化道烧伤，磷中毒包括误食磷制品、污水等的物质导致的中毒。主要伤害对象为周边居民（误食被磷污染的水源）和黄磷岗位员工（在逃生时不明道路情况而误入渣池、污水池淹溺食入）。

（4）气体中毒和窒息。包括吸入有毒气体导致的中毒和因为环境中氧气浓度低而导致的窒息伤害。伤害对象主要为岗位操作人员、应急救援人员。

2. 患者现场救治方案

（1）化学性烧伤。立即脱去被污染衣物，迅速用流动的清水冲洗至少15 min，或直接跳入安全水池中，稀释硫酸（黄磷烧伤主要是灭火，注意清理干净身体表面覆盖的残磷，以防缺水后磷再次燃烧）。迅速就医。

（2）高温物理性烧伤。立即脱去燃烧起火的衣物，或者找水源冲洗患部及灭火（如安全水池、冲洗装置、生活用水龙头等），在一时难以找到冲洗水源且不能及时脱衣服的情况下，可以就地打滚灭火。迅速就医。

（3）误食有毒物质的中毒。硫酸消化道烧伤：给误服者口服牛

奶、蛋清、植物油等，不可催吐，立即就医。

误食磷中毒：给中毒者立即用 2% 的硫酸铜溶液（或 1：5 000
高锰酸钾）洗胃，洗胃及导泻要谨慎，防止胃肠穿孔或出血，禁脂
肪食物及牛奶。迅速就医。

十一、现场保护和洗消

1. 事故现场的保护措施

当事故得到控制后，保卫科迅速封闭现场各个道路口，发生爆
炸类事故时，沿爆炸的残局半径封锁，其他类事故沿事故发生现场
和污染区域封锁。公司迅速成立事故调查小组，对现场采取摄像、
拍片等取证分析，开展事故调查。禁止其他无关人员进入。

2. 事故现场洗消工作的负责人和专业队伍

洗消工作由生产安全管理部负责，负责人为×××，由事故单
位的应急救援人员和参加过训练（培训）的指定义务人员参加。

十二、应急救援保障体制

1. 内部保障

（1）根据公司的实际情况，确定公司应急队伍由以下人员组成
（具体名单见附件）：

1）抢险、抢修队。由事故所属单位的维修工、电工组成，必要
时指挥部可以调动其他单位以及机修分厂的维修工、电工参与事故
单位抢险、抢修队。

生产安全管理部指挥事故抢险、抢修任务。

2）物资供应队。由供应部负责，担负事故抢险、抢修所需物资
的供应任务。

3）运输队。由机械运输工程队负责，担负事故抢险、抢修物资
的运输任务。

4）医疗救护队。由卫生所和小车班组成，由卫生所负责，听从

卫生所所长的指挥调配，担负事故过程中受伤、中毒等人员的运送、初步救护处理、治疗、转院等工作。

（2）相关信息存放点及保管人员：

1）消防设施配置图。

存放地点：保卫科及各使用单位。

保管人：××

2）工艺流程图。

存放地点：技术发展部及各单位

保管人：××

3）现场平面布置图和周围地区图。

存放地点：技术部

保管人：××

4）气象资料。

存放地点：技术发展部

保管人：××

5）危险化学品安全技术说明书及互救信息。

存放地点：安全环保部

保管人：×××

（3）应急通信系统。内部应急通信系统由劳动服务公司物业管理部负责管理和维护，具体情况见附件。

（4）应急电源、照明。各班组及办公室管理值班均有一只强光探射灯，作为现场紧急撤离时照明用。当发生事故时，单个生产系统必须完全断电或者突然断电时，所有岗位人员由当班班组长负责使用应急照明灯有序撤离。在事故的抢险和伤员救护、救援过程中，由生产安全管理部根据情况，从其他生产系统供电，在确认安全的情况下，对事故单位的各个岗位选择性供电，保证应急和照明电源的使用。

（5）应急救援装备、物资、药品

（6）危险化学品运输车辆的安全、消防设备、器材及人员防护装备。

（7）保障制度。详见公司《安全环保管理制度》。

2. 外部救援

（1）单位互助。与公司最邻近的单位为××，长期以来，同公司保持着良好的合作关系，两家相互依存，互惠互利。在事故时，该单位能够给予公司运输、人员、救治、救援部分物资等方面的帮助，同时也能够依据救援需要，提供其他相应支持。

（2）请求政府协调应急救援力量。当事故扩大化需要外部力量救援时，从××镇政府、××市政府、××县政府等相邻部门，可以发布支援命令，调动相关政府部门进行全力支持和救护，主要参与部门有：

1）公安部门。协助公司进行警戒，封锁相关要道，防止无关人员进入事故现场和污染区。

2）消防队。发生火灾事故时，进行灭火的救护。主要有××消防队（距公司12 km），××消防大队（距公司36 km）、××消防中队（离公司约2 km）。

3）环保部门。提供事故时的实时监测和污染区的处理工作。

4）电信部门。保障外部通信系统的正常运转，能够及时准确地发布事故的消息和有关命令。

5）医疗单位。提供伤员、中毒救护的治疗服务和现场救护所需要的药品和人员。

6）其他部门。可以提供运输、救护物资的支持。

十三、预案分级响应条件

1. 请求外部救援响应条件

（1）油库火灾的响应。当油库发生泄漏起火甚至爆炸时，必须向消防队请求支援灭火。

（2）黄磷堆放场地磷泄漏的燃烧事故。当公司黄磷堆放场地上出现严重的成品泄漏且无法扑灭，甚至因为温度升高导致密闭钢桶受热内压增大而爆炸时，必须向消防队请求救援。

2. 公司级救援响应条件

（1）发生油库泄漏而未起火时。

（2）当黄磷系统的精制槽发生大量喷射状泄漏，分厂在 5 min 内无法处理时。

（3）××分厂、××分厂酸库（包括其附属管路）发生严重泄漏而无法控制时。

3. 分厂级救援响应条件

（1）当××分厂的供酸管道发生泄漏可采取胶皮垫抱箍压紧包扎时。

（2）××分厂、×××分厂的酸库发生一般的泄漏时，采取关闭阀门、泵等控件关闭时。

（3）××分厂精制槽、收磷槽等内磷滴状泄漏时。

十四、事故应急救援终止程序

当事故得以控制，消除环境污染和危害，并已经进行取证工作后，由总指挥下达解除应急救援的命令，由生产安全部门通知事故单位解除警报，由保卫科通知警戒人员撤离，在涉及周边社区和单位的疏散时，由总指挥通知周边单位负责人员或者社区负责人解除警报。

十五、应急培训和演练计划

1. 应急救援人员的培训

公司危险化学品事故应急救援队伍分三个层次开展培训。

（1）班组级。班组级是及时处理事故、紧急避险、自救互救的重要环节，同时也是事故及早发现、及时上报的关键。一般危险化学品事故若在这一层次上能够得到及时处理就可避免发生，因此对班组职工开展事故应急救援处理培训非常重要。每季开展一次，培训内容如下：

1) 针对系统（或岗位）可能发生的事故，在紧急情况下如何进行紧急停车、避险、报警的方法。

2) 针对系统（或岗位）可能导致的人员伤害类别，现场进行紧急救护的方法。

3) 针对系统（或岗位）可能发生的事故，如何采取有效措施控制事故和避免事故扩大化。

4) 针对可能发生的事故应急救援必须使用的防护装备，学会使用方法。

5) 针对可能发生的事故，学习消防器材和各类设备的使用方法。

6) 掌握分厂存在危险化学品的特性、健康危害、危险性、急救方法。

(2) 分厂级。以分厂厂长为首，由安全员、设备、技术人员及工段长组成，成员能够熟练使用现场装备、设施等对事故进行可靠控制。它是应急救援的指挥部与班组级之间的联系，同时也是事故得到及时可靠处理的关键。每年进行两次，培训内容如下：

1) 包括班组级培训所有内容。

2) 掌握应急救援预案，发生事故时按照预案有条不紊地组织应急救援。

3) 针对分厂生产实际情况，熟悉如何有效控制事故，避免事故失控和扩大化。

4) 针对可能需要启动公司级应急救援预案时，分厂应采取的各类响应措施（如组织大规模人员疏散、撤离，警戒、隔离、向公司报警等）。

5) 如何启动分厂级应急救援响应程序。

6）事故控制时的洗消方法。

（3）公司级。各单位在日常工作中把应急救援中各自应承担的职责纳入工作考核内容，定期检查改进。每年进行一次，培训内容如下：

1）学习班组级、分厂级的所有内容。

2）熟悉公司级应急救援预案，事故单位如何进行详细报警，生产安全部如何接收事故警报。

3）如何启动公司级应急救援预案程序。

4）组织各单位依据应急救援的职责和分工开展工作。

5）组织应急物资的调运。

6）申请外部救援力量的报警方法，以及发布事故消息，组织周边社区、政府部门的疏散方法等。

7）事故现场的警戒和隔离，以及事故现场的洗消方法。

2. 社区或周边人员应急响应知识的宣传

针对公司可能发生的事故，每年进行一次社区和周边人员应急响应的宣传活动。宣传内容如下：

（1）公司生产中存在的危险化学品的特性、健康危害、防护知识等。

（2）公司可能发生危险化学品事故的知识、可能导致哪些危害和污染，在什么条件下，必须对社区和周边人员进行转移疏散。

（3）人员转移、疏散的原则以及转移过程中的安全注意事项。

（4）对因事故而导致的污染和伤害的处理方法。

十六、附件

1. 组织机构名单

2. 值班联系电话

3. 组织应急救援有关人员的联系电话

4. 危险化学品生产单位应急咨询服务电话

5. 外部救援单位的联系电话

6. 政府有关部门的联系电话

7. 本单位平面布置图

8. 消防设施配置图

9. 周边区域道路交通示意图和疏散路线、交通管制示意图

10. 周边区域的单位、社区、重要基础设施分布图及有关联系方式，供水、供电单位的联系方式

11. 保障制度

第四章
应急教育、培训和演练

第一节　教育和培训

为有效增强社会公众及各级单位面对危险化学品事故时的应急能力，要求相关单位应开展宣传、培训和演练工作，并作了如下规定：

1. 各级安监部门应加强安全科普宣传教育工作，普及危险化学品事故预防常识，编印、发放有毒有害物质公众防护"明白卡"，增强公众的防范意识和相关心理准备，提高公众的防范能力。

2. 各级安监部门以及有关专业主管部门应加强危险化学品事故专业技术人员的日常培训和重要目标工作人员的培训和管理，培养一批训练有素的危险化学品事故应急处置、检验、监测等专门人才。

3. 各级安监部门以及有关专业主管部门应按照危险化学品事故应急预案及相关单项预案，定期组织不同类型的危险化学品事故应急实战演练，提高防范和处置危险化学品事故的技能，增强实战能力。

因此，各级安监部门应积极开展危险化学品事故应急知识的宣传和培训工作，概括而言，环境应急的教育和培训主要包括社会公众、企业员工和企业法人及管理人员的环境应急知识普及教育、环境监察应急培训、环境监测应急培训等。

一、危险化学品应急知识普及教育

1. 社会公众危险化学品应急知识普及教育

对于普通民众应急知识的普及教育通常采用发放宣传材料、开设新闻媒体专栏（或专版）的方式，另外可采用有奖活动或"应急进社区"，以及在学校教育课程中列入应急内容等方式进行宣传和教育。社会公众危险化学品应急知识普及教育的主要内容包括：

（1）该区域主要危险源及其危害。

（2）该区域以前发生及可能发生的危险化学品事故的性质和特点。

（3）危险化学品事故现象的辨别及识别。

（4）危险化学品事故报告的基本报告方法（110，119）。

（5）危险化学品事故预防的基本措施（疏散路线，停止用水等）。

（6）自救与互救、消毒的基本知识。

（7）在污染区行动及保护的基本方法。

（8）明白公告、警报、指挥信号等的含义。

（9）医疗单位的地点、专业性等。

2. 企业员工危险化学品应急知识普及教育

企业员工危险化学品教育以企业自主实施，政府督导的方式进行，企业可采用由内部专业人员授课及各种板报、海报、厂报、标语的方式进行宣传教育。企业员工环境应急知识普及教育的主要内容包括：

（1）危险化学品事故应急预案的作用与内容。

（2）工厂危险源的位置、发生事故的可能性，鉴别异常情况的危险辨识。

（3）本企业危险化学品的种类、数量，各类危险化学品的危害性。

(4) 防止危险化学品扩散，处理、处置各类危险化学品事故的基本方法。

(5) 周围敏感点的位置、数量与类型，本企业危险化学品事故对其的影响。

(6) 工艺流程中可能出现问题的解决方案。

(7) 基本控险、排险、堵漏、输转的基本方法。

(8) 主要消防器材、防护设备等的位置及使用方法。

(9) 紧急停车停产的基本程序。

(10) 如何正确报警和得到内外部电话清单。

(11) 避难及撤离路线。

(12) 配合应急人员的基本要求及责任。

(13) 自救与互救、消毒的基本知识。

(14) 运输司机、监测人员的特别培训。

3. 企业法人及管理人员应急知识普及教育

对企业法人及管理人员的应急知识普及教育可采用发放培训教材、专家集中授课、会议研讨等方式进行，企业法人及管理人员应急知识普及教育的主要内容包括：

(1) 我国危险化学品相关的法律、法规的基础知识。

(2) 制定危险化学品事故应急预案的必要性、基本程序和内容。

(3) 危险化学品事故预防和应急的法律责任。

(4) 本企业工厂危险源的识别是否完全，发生危险化学品事故的可能性，对员工及周边地区产生的环境影响及其危害。

(5) 企业人员的职责及分工是否明确、合理。

(6) 企业内的应急资源是否按应急预案要求进行配备及其维护情况。

(7) 企业内日常危险化学品监测状况及基本要求，工厂的危险化学品监测系统及化学实验室能否进行危险化学品物质分析。

(8) 预防危险化学品事故或减轻后果严重程度的系统、设备、措施。

（9）工厂发生事故时，如何向员工及周围的群众发出警报，如何向上级部门报告和求援等。

（10）员工的培训内容及培训计划。

（11）企业应急演练的时间、周期及基本要求。

（12）企业原料及产品、废物运输的要求，运输方的防范措施。

（13）紧急状态下工厂如何向当地政府应急机构、医疗服务机构请求救援。

（14）企业与其他企业签署互助协议。

（15）危险化学品事故应急预案的评审和更新。

二、危险化学品应急能力培训

危险化学品应急能力培训主要是针对政府有关部门及工作人员的危险化学品应急管理能力及处置能力培训，主要包括危险化学品监察应急培训和危险化学品监测应急培训。工作人员的这两类应急能力是一个地区危险化学品应急的关键能力，需要重点关注，各地可结合自身实际，采用各种灵活方式进行。

1. 危险化学品监察应急培训

危险化学品监察应急培训的主要内容包括：

（1）危险化学品监察相关法律、法规的培训。

（2）危险化学品事故应急预案对危险化学品监察人员的要求等有关内容的学习。

（3）危险化学品监察的基本内容、工作制度和程序。

（4）各类危险化学品监察的要点及可能发生危险化学品事故的类型。

（5）该区域危险化学品自动监控的状况，随时关注危险化学品事故发生的隐患，及时消除。

（6）该区域危险源的分布情况。

(7) 切断事故发生途径，防止事故扩散，处理、处置各类危险化学品事故的基本方法。

(8) 事故调查、取证工作的基本程序。

(9) 现场控制、划定紧急隔离区的基本方法。

(10) 与其他部门应急人员的协调方式。

(11) 危险化学品应急专用设备及防护设备的使用方法。

(12) 危险化学品事故等级的确定，报告内容、方式、程序等。

(13) 危险化学品事故应急演练的基本要求。

(14) 危险化学品事故受理、登记、应急基本程序。

(15) 危险化学品事故基本情况、应急过程等有关文件和资料整理归档管理。

(16) 企业危险化学品事故应急预案的评审、复查等。

2. 危险化学品监测应急培训

危险化学品监测应急培训的主要内容包括：

(1) 危险化学品监测技术规范。

(2) 不同危险化学品事故应急监测的基本方法。

(3) 便携式现场应急监测仪器的使用方法。

(4) 特征污染物和常见污染物的快速监测方法。

(5) 应急监测实施方案的基本要求。

(6) 监测布点和频次的基本原则。

(7) 现场应急监测人员自身防护的要求。

(8) 现场采样的基本方法及要求。

(9) 数据汇总分析和监测报告内容的基本要求。

(10) 污染物变化趋势及预测，隔离警戒区域范围和处置建议的基本要求。

(11) 应急监测仪器设备、耗材、试剂的日常维护及保养。

(12) 危险化学品事故跟踪监测。

第二节　应　急　演　练

　　危险化学品应急演练是保障危险化学品应急体系始终处于良好战备状态的重要手段，通过危险化学品应急演练，可以检验《危险化学品事故应急预案》的有效性和充分性，并可增强各类组织和人员的环境应急能力，因此非常有必要开展危险化学品应急演练及相关培训工作。

一、应急演练类别

　　危险化学品应急演练是指来自多个机构，组织或群体的人员针对假设的危险化学品事故，执行实际紧急事件发生时各自职责和任务的排练活动。鉴于假设场景受到实际条件的种种限制，因此有关单位的应急演练可结合自身实际情况，采用包括桌面演练、功能演练和全面演练在内的多种演练类型。

1. 桌面演练

　　桌面演练是指由应急组织的代表或关键岗位人员参加的，按照危险化学品事故应急预案及其标准化操作程序讨论紧急情况时应如何采取行动的演练活动。桌面演练的主要特点是对演练情景进行口头演练，一般是在会议室内举行非正式的活动。主要作用是在没有时间压力的情况下，演练人员检查和解决应急预案中问题的同时，获得一些建设性的讨论结果。主要目的是在友好、较小压力的情况下，锻炼演练人员解决问题的能力，以及解决应急组织相互协作和职责划分的问题。

　　桌面演练只需展示有限的应急响应和内部协调活动，应急响应人员主要来自本地应急组织，事后一般采取口头评论形式收集演练人员的建议，并提交一份简短的书面报告，总结演练活动和提出有关改进应急响应工作的建议。桌面演练方法成本较低，主要是为功能演练和全面演练做准备。开展桌面危险化学品应急演练需要有能足够容纳所有参加人和模拟材料（地图、图表）的场地、专用显示材料和应急反应设备（如计算机）。

2. 功能演练

功能演练是指针对某项应急响应功能或其中某些应急响应活动举行的演练活动（如应急监测队伍的测试）。功能演练一般在应急指挥中心举行，并可同时开展现场演练，调用有限的应急设备，主要目的是针对应急响应功能，检验应急响应人员及应急管理体系的策划和响应能力。

功能演练比桌面演练规模要大，需动员更多的应急响应人员和组织，必要时，还可请求上级应急响应机构参与演练过程，为演练方案设计、协调和评估工作提供技术支持，因而协调工作的难度也随着更多应急响应组织的参与而增大。

3. 全面演练

全面演练是指针对应急预案中全部或大部分应急响应功能，检验、评价应急组织应急运行能力的演练活动。全面演练一般要求持续几小时甚至更长时间，采取交互式方式进行，演练过程要求尽量真实，调用更多的应急响应人员和资源，并开展人员、设备及其他资源的实战性演练，以展示相互协调的应急响应能力。

与功能演练类似，全面演练也少不了负责应急运行、协调和政策拟定人员的参与，以及上级应急组织人员在演练方案设计、协调和评估工作提供的技术支持。

三种演练类型的最大差别在于演练的复杂程度和规模，所需评价人员的数量与实际演练时的演练规模、地方资源等状况。无论选择何种应急演练方法，应急演练方案都必须适应辖区危险化学品事故应急管理的需求和资源条件。

二、应急演练的目的与要求

1. 危险化学品应急演练的目的

(1) 熟悉和操作《危险化学品事故应急预案》，证实应急预案的可行性。

(2) 不同应急救援组织在危险化学品事故应急过程中的协调性。

(3) 借助危险源信息系统对危险化学品事故做出定性和定量的分析。

(4) 通过现场排查及根据监测结果划定事故范围、隔离区域、疏散范围，提出相应的处置建议。

(5) 调集安全监察队伍采取现场紧急处置措施，参与现场救援工作，对受影响的部位和现场进行监控。

(6) 危险化学品应急演练终止程序及事故后的影响评估。

(7) 检验和测试应急设备及监测仪器的可靠性。

(8) 发现预案中存在的问题，为修正预案提供实际资料。

2. 危险化学品应急演练要求

(1) 安全监察队伍按照危险化学品应急工作领导小组的安排迅速反应。

(2) 各级安全监察和监测队伍上下联动，采取紧急措施，积极配合，完成危险化学品事故应急演练任务。

(3) 演练要求过程逼真，组织有序，通信畅通，决策果断，手段先进，可考虑采用网络信息技术、卫星自动定位系统、无线和有线传输，实现远程控制指挥和决策的效果，要体现安全监察队伍上下联动、快速反应的协调能力。

(4) 演练情况应根据现场的基本情况设置，尽量与实际相符，并考虑突发情况。

(5) 要求尽可能多的企业人员有机会参加演练，熟悉疏散的路线和各种指挥信号，减少事故发生时的恐惧心理。

(6) 整个演练过程应有完整的记录，作为训练评价和未来训练计划制定的参考资料，演练结束后应适时做出评价。

三、危险化学品应急演练的任务

开展危险化学品应急演练的过程可划分为演练准备、演练实施和演练总结三个阶段。按照应急演练的三个阶段，可将演练前后应予完成的内容和活动分解，并整理成二十项单独的基本任务。

1. 确定演练日期

演练指挥机构应与有关部门、应急组织和关键人员提前协商，并确定应急演练日期。

2. 确定演练目标和演练范围

演练指挥机构应提前选择演练目标，确定演练范围或演练水平，并落实相关事宜。

3. 编写演练方案

演练指挥机构应根据演练目标和演示范围事先编制演练方案，对演练性质、规模、参演单位和人员、假想事故、情景事件及其顺序、气象条件、响应行动、评价标准与方法、时间尺度等事项进行总体设计。

4. 确定演练现场规则

演练指挥机构应事先制定演练现场的规则，确保演练过程受控和演练参与人员的安全。

5. 指定评价人员

演练指挥机构负责人应预先确定演练评价人员，分配评价任务。评价人员由政府有关部门的领导及相关领域内的专家组成。

6. 安排后勤工作

演练指挥机构应事先完成演练通信、卫生、物资器材、场地交通、现场指示、生活保障等后勤保障工作。

7. 准备和分发评价人员工作文件

演练指挥机构应事先准备说明评价人员工作任务、演练、日程及后勤问题的工作文件，以及与其任务相关的背景资料，并在演练前分发给评价人员。

8. 培训评价人员

演练指挥机构应在演练前完成评价人员的培训工作，使评价人员了解应急预案和执行程序，熟悉应急演练评价方法。

9. 讲解演练方案与演练活动

演练指挥机构负责人应在演练前分别向演练人员、评价人员、控制人员讲解演练过程、演练现场规则、演练方案、情景事件等事项。

10. 记录应急组织演练表现

演练过程中，评价人员应记录并收集演练目标的演示情况。

11. 评价人员访谈演练人员

演练结束后，评价人员应立即访谈演练人员，咨询演练人员对演练过程的评价、疑问和建议。

12. 汇报与协商

演练结束后，演练指挥机构负责人应尽快听取评价人员对演练过程的观察与分析，确定演练结论并启动协商机制，确定采取何种纠正措施。

13. 编写书面评价报告

演练结束后，评价人员应尽快对应急组织表现给出书面评价报告以及演练目标演示情况的书面说明。

14. 演练人员自我评估

演练结束后，演练指挥机构负责人应召集演练人员代表对演练过程进行自我评估，并对演练结果进行总结和解释。

15. 举行公开会议

演练结束后，演练指挥机构负责人应邀请演练人员出席公开会议，解释如何通过演练检验应急能力，听取大家对应急预案的建议。

16. 通报不足项

演练结束后，演练指挥机构负责人应通报本次演练中存在的不足项及应采取的纠正措施。有关方面接到通报后，应在规定的期限内完成整改工作。

17. 编写演练总结报告

演练结束后，演练指挥机构负责人应向上级部门及领导提交演练总结报告。报告内容应包括本次演练的背景信息、演练时间、演练方案、参与演练的应急组织、演练目标、演练不足项、整改项、建议整改措施等。

18. 评价和报告不足项补救措施

演练结束后，有关方面应针对不足项及时采取补救性训练等措施。演练指挥机构负责人应针对补救措施完成情况准备单独的评价报告。

19. 追踪整改项的纠正

演练结束后，演练指挥机构负责人应追踪整改项纠正情况，确保整改项能在下次演练中得到纠正。

20. 追踪演练目标演练情况

演练指挥机构应确保应急组织按照有关法规、标准和应急预案的要求演示所有演练目标。

四、危险化学品应急演练准备

1. 成立演练指挥机构

演练指挥机构是演练的领导机构，是演练准备与实施的策划部门，对演练实施全面控制，其主要职责如下。

（1）确定演练目的、原则、规模、参演的部门；确定演练的性质与方法，选定演练的地点与时间，规定演练的时间尺度和公众参与的程度。

（2）协调各参演单位之间的关系。

（3）确定演练实施计划、情景设计与处置方案，审定演练准备工作计划，导演和调整计划。

（4）检查和指导演练的准备与实施情况，解决准备与实施过程中所发生的重大问题。

（5）组织演练总结与评价。

演练指挥机构成员应熟悉所演练功能、演练目标、各项目标的演练范围等要求。演练人员不得参与演练指挥机构，更不能参与演练方案的设计。演练指挥机构组建后，应任命其中一名成员为演练指挥机构负责人。在较大规模的功能演练或全面演练时，演练指挥机构内部应有适当分工，设立专业分队，分别负责上述事项。

2. 编制演练方案

演练方案应以演练情景设计和危险化学品事故应急预案为基础。演练情景是指对假想事故按其发生过程进行叙述性的说明，情景设计就是针对假想事故的发展过程，设计出一系列的情景事件，包括重大事件和次级事件，目的是通过引入这些需要应急组织做出相应响应行动的事件，刺激演练不断进行，从而全面检验演练目标。演练情景中必须说明何时、何地、发生何种事故、被影响区域、气象条件等事项，即必须说明事故情景。演练人员在演练中的一切对策活动及应急行动，主要是针对假想事故及其变化而产生的。事故情景的作用在于为演练人员的演练活动提供初始条件，并说明初始事件的有关情况。事故情景可通过情景说明书加以描述，并以控制消息形式通过电话、无线通信、传真、手工传递、口头传达等传递方式通知演练人员。

情景设计过程中，演练指挥机构应考虑以下注意事项。

（1）编写演练方案或设计演练情景时应将演练参与人员、公众的安全放在首位。演练方案和情景设计中应说明安全要求和原则，以防演练参与人员或公众的安全健康受到危害。

（2）负责编写演练方案或涉及演练情景的人员必须熟悉演练地点及周围各种有关情况。一般来说，应由技术专家和组织指挥专家（管理专家）两部分专家参与此项工作。演练人员不得参与演练方案编写和演练情景的设计过程，以确保演练方案和演练情景相对于演练人员是保密的。

（3）设计演练情景时应尽可能结合实际情况，具有一定的真实性。为增强演练情景的真实程度，演练指挥机构可以对历史上发生过的真实事故进行研究，将其中一些信息纳入演练情景中，或在演练中采用一些道具或其他模拟材料等手段。

（4）情景事件的时间尺度可以与真实事故的时间尺度相一致。如果有其他原因，那么可以将情景事件的时间尺度缩短或延缓。但只要有可能，两者最好能保持一致，特别是演练的早期阶段，能使演练人员了解可能用来完成他们自己特定任务的真实时间是非常必要的，当演练涉及反映应急组织之间的协同配合时，时间尺度的真实性也是演练成功进行的关键因素。但是，可以用作演练的时间总是有限的，所以根据演练目标的要求压缩时间尺度也是可以接受的，室内演练中压缩时间尺度的情况经常发生，无特殊需要不应延长时间尺度。

（5）设计演练情景时应详细说明气象条件。如果可能，应使用当时当地的气象条件。但是依照气象预报在情景设计时描述的气象条件很可能与演练开始后出现的天气情况不一致，使得事先设定的响应程序在演练中会因为天气变化而无法执行。因此，演练时不必一定使用当时当地气象条件，必要时可根据演练需要假设气象条件。

（6）设计演练情景时应慎重考虑公众卷入的问题，避免引起公众恐慌。必要时，对公众作为演练人员在演练中的行动细节做出详尽的说明，并明确规定新闻媒体进行宣传的内容、时间和方法。

（7）设计演练情景时应考虑通信故障问题，以检测备用通信系统。备用通信系统检测应采取实际演练方式，而不是仅仅模拟或口头演练备用通信系统。

(8) 设计演练情景时应对演练顺利进行所需的支持条件加以说明，如通信保障、技术与生活保障、物资器材保障等。关于演练结束后仍需完成某些任务的单位或个人也必须在演练情景中予以明确。

(9) 演练情景中不得包含任何可降低系统或设备实际性能，影响真实紧急情况检测和评估结果，减损真实紧急情况响应能力的行动或情景。

3. 制定演练现场规则

演练现场规则是指为确保演练安全而制定的对有关演练和演练控制、参与人员职责、实际紧急事件、法规符合性、演练结束程序等事项的规定或要求。演练安全既包括演练参与人员的安全，也包括公众和环境的安全。确保演练安全是演练策划过程中的一项极其重要的工作，演练指挥机构应制定演练现场规则。

4. 培训评价人员

演练指挥机构应确定演练所需评价人员的数量和应具备的专业技能，指定评价人员，分配各自所负责评价的应急组织和演练目标。评价人员应对应急演练和演练评价工作有一定的了解，并具备较好的语言和文字表达能力，必要的组织和分析能力，以及处理敏感事务的行政管理能力。评价人员的数量根据应急演练规模和类型而定，对于参演应急组织、演练地点和演练目标较少的演练，评价人员的数量需求也较少；反之，对于参演应急组织、演练地点和演练目标较多的演练，评价人员的数量需求也随之增加。

五、演练机构及职责

1. 总指挥部及职责

总指挥部由政府部门领导、安监局、公安、消防、环保、卫生等有关部门领导组成。

总指挥部的职责是全面负责事故现场的处理处置工作，通过区域环境监察信息系统接收现场指挥部发送的现场处置的图像、监测报告和处置报告及根据现场反馈的其他情况，启动专家系统，通过有线、无线和网络将指令传达到事故现场。及时掌握现场处置情况，向现场指挥部提供技术支持，及时提出处置意见，统一调配、协调各有关环境监察、监测力量。

2. 现场指挥部及职责

现场指挥部负责及时听取、了解事故现场情况，进行现场勘察，组织现场监测，对事故做出判断，提出应急方案建议，统一调度现场环保人力、物力和设备。现场指挥部由政府及环保、公安、消防、卫生等部门的负责人组成。为便于现场信息传输和现场指挥，现场指挥部地点一般选在靠近事件发生但较为安全的场所。现场指挥部的职责是：在总指挥部的统一指挥下，具体负责事故的调查、取证和监测，提出处置方案建议，随时向总指挥部汇报现场处理情况，将现场处置图片、监测数据、事故处理报告通过区域环境监察信息系统上传给总指挥部。

3. 危险化学品安全专家咨询组及职责

专家咨询组负责对现场监察组报告的事发现场情况进行综合分析和研究，初步确定事故污染物的种类和污染范围，对事件的正确处置及危险化学品的安全处理提出建议，为指挥部的决策提供技术支持。

4. 现场处置工作小组及职责

（1）现场监察组。在接到指令后，以最快的方式抵达事发现场。通过监察信息系统了解事故企业基本情况、主要危险源和周边企业、敏感点分布等基本情况。具体负责组织现场的应急监察，协调事发现场各级安全监测站进行动态安全监控，随时向现场指挥部报告动态情况，提出处置建议。按要求向区域安全监察信息系统发送事故现场图片、录像、监测报告、事故报告。根据事发现场环境动态情况，工作组有紧急处置权，但事后需向现场指挥部报告处置情况。

（2）现场监测组。负责在事故现场实时监测，对事故发生点及可能受到污染的区域进行污染物浓度监测，并及时向现场指挥部报告监测结果。

（3）公安组。负责设置现场隔离带和公共安全管理工作，维护现场秩序、疏通道路交通，与当地政府一起疏散污染区内居民和企业职工。

（4）消防组。负责对演练事故装置的侦检、中毒人员的营救，喷淋降温稀释污染物，和周边企业组成联合抢险组，进行抢险堵漏等工作。

（5）卫生组。负责中毒人员和演练过程的人员救护等工作。

（6）联合抢险组。联合抢险组负责事故装置的堵漏、导料、降温等抢险工作。

（7）通信联络组。负责排除各类通信故障，保证现场指挥的有线通信、无线通信和计算机网络通信畅通，及时与现场指挥部和外界沟通联系。

六、应急演练实施

应急演练实施阶段是指从宣布初始事件起到演练结束的整个过程。虽然应急演练的类型、规模、持续时间、演练情景、演练目标等有所不同，但演练过程中的基本内容大致相同。

演练过程中参演应急组织和人员应尽可能按实际紧急事件发生时的响应要求进行演练，由参演应急组织和人员根据自己关于最佳解决办法的理解，对情景事件做出响应行动。演练指挥机构或演练活动负责人的作用主要是宣布演练开始和结束，解决演练过程中的矛盾，并向演练人员传递消息，提醒演练人员采取必要行动以正确展示所有演练目标，终止演练人员不安全的行为。

演练过程中参演应急组织和人员应遵守当地相关的法律法规和演练方案，确保演练安全进行。

七、应急演练总结

演练结束后，进行总结与讲评是全面评价演练是否达到演练目标、应急准备水平及是否需要改进的一个重要步骤，也是演练人员进行自我评价的机会。演练总结可以通过访谈、汇报、协商、自我评价、公开会议、通报等形式完成。

演练指挥机构负责人及参演人员应在演练结束后的规定期限内，根据在演练过程中收集和整理的资料，编写演练报告。演练报告是对演练情况的详细说明和对该次演练的评价，经讨论后交企业领导。演练报告中应包括如下内容：

（1）本次演练的背景信息，含演练地点、时间、气象条件、参与演练的应急组织、演练方案等。

（2）演练中获得的主要经验及应急演练中发现的主要问题。

（3）建议和纠正措施。

（4）完成这些措施的日程安排。

第三节　应急演练方案示例

某区20××年危险化学品事故应急救援演练方案如下：

根据《安全生产法》和《××省安全生产条例》的有关规定，市人民政府制定了《××市危险化学品事故应急救援预案》，并决定于近期举行危险化学品事故应急救援联合演练。这次演练，不仅是一次假设危险化学品事故的处置，而且是一次对应急救援预案的可操作性和各职能部门的快速反应能力的检验，更是检验一个城市抗御灾害事故能力、增强全民安全意识的重要举措。

一、演练指导思想

以八荣八耻重要思想为指导，以加强城市抗御灾害事故准备为主线，以《××市危险化学品事故应急救援预案》为准则，按照"立足实际，整合资源，发挥部门联动优势"的指导思想，采取模拟实兵演练的方法，重点演练事故报告程序、预案的启动和应急救援组织指挥程序、内容、方法，论证完善《××市危险化学品事故应急救援预案》。通过演练，建立健全我市危险化学品事故应急处置机制，科学有效地调度救援力量，正确运用战术、技术，快速实施救援行动，最大限度地避免人员伤亡和经济损失，保障公众生命健康和财产安全，维护社会稳定，构建和谐社会。同时，也将进一步增强各级、各部门的安全意识，提高政府机关、部门组织指挥抢险救灾的能力。

二、演练课目

1. 输油管道泄漏事故处置
2. 油罐火灾事故处置

三、演练目标

贴近实战、突出主题、编排紧凑、观赏性强。

四、演练地点

中石化××石油分公司港口油库。

五、演练时间

×月×日上午×时×分（合成预演练时间为×月×日上午×时×分）。

六、参演单位

主办单位：××市人民政府。

承办单位：××市安全生产监督局、××市消防支队。

协办单位：中石化××石油分公司。

参演力量：市安全生产监督局、市公安局、市卫生局、市环保局、××海事局、市消防支队、市交警支队、中石化××石油分公司、市电力公司、市自来水公司、油库专职消防队等危险化学品事故应急领导小组成员单位。

七、市石油公司港口油库基本情况

××市港口油库位于××路×号，是××石油分公司唯一的一座直属定位油库，傍山依海，是一座始建于50年代末的老库。油库东临开发区B区，南靠大海，西是船舶修理厂，北面环山。油库占地面积为71 140 m^2、建筑面积为3 200 m^2，共有5 000 m^3 柴油罐4只、4 000 m^3 汽油罐3只、3 000 m^3 汽油罐2只、2 000 m^3 汽油罐1只、1 000 m^3 润滑油罐6只、500 m^3 汽油罐5只、100 m^3 汽油罐8只。油库固定消防设施现有内座式泡沫消防车一辆。电动消防泵(75 W) 4台，其中泡沫供应泵1台，清水供应泵2台，备用泵1台。油库配有消防水池一座（1 800 m^3），另设有两条DN100消防水池补水管道。储油区油罐除100 m^3 小油罐外，均已安装有固定消防泡沫灭火系统和蛇形管冷却水系统。油库共有员工31人，其中专职消防队员3名，义务消防队员15名。该单位距责任区中队（××消防中队）10 km，距市消防支队特勤中队10 km，距××消防中队20 km，距××油库专职消防队35 km。

八、演练灾情设定

1. 输油管道泄漏事故演练情况设定

×时×分（具体时间由预演之后确定，下同），港口油库巡检人员在例行巡查中发现，3008 号汽罐外侧一个高压输油管泄漏，大量油料往外喷射。巡检人员发现后，迅即实施关阀措施。可是，阀门损坏，无法彻底关闭，大量油料仍然通过下水道迅速向四周流淌，遇明火随时可能发生爆炸事故。××石油分公司和市消防支队分别启动《石油管道泄漏事故处置应急预案》和《××市危险化学品事故应急救援预案》，调集力量实施堵漏，并防止发生火灾爆炸事故。

2. 油罐火灾事故处置演练情况设定

×时×分，3008 号汽油罐因受雷击发生爆炸，并形成稳定燃烧。燃烧发生后，因处置不当，引起邻近 2009 号储罐爆炸，罐体被炸裂，固定泡沫灭火设备和冷却装置被破坏，油料喷溅外溢，造成大面积流淌火，并与燃烧着的油罐连为一体形成地面罐上的立体燃烧，对其他邻近油罐造成威胁。××市人民政府和市消防支队分别启动《××市危险化学品事故应急救援预案》和《××市重大火灾事故应急预案》，调集增援力量实施灭火救援。

九、演练指挥机构

演练在市政府领导下，成立演练指挥部，具体负责演练的协调工作和演练的组织实施。

1. 演练总指挥部

演练总指挥：市人民政府副市长　××

演练副总指挥：市人民政府副秘书长　××

市安全监管局局长　××

市公安局副局长　××

市公安消防支队政治委员　××

×× 石油分公司总经理 ××

成员：市安全监管局副局长 ××

市卫生局副局长 ××

市环保局副局长 ××

×× 海事局副局长 ××

市交警支队副支队长 ××

市电力公司副总经理 ××

市自来水公司副总经理 ××

职责：确定演练实施方案，调集指挥参演力量，组织实施演练工作。

2. 演练现场指挥部

现场总指挥：××

现场副总指挥：××、市环保局××、市卫生局××、市石油公司××、××油库××

成员：××××

地点：主席台的左侧适当位置。

职责：负责整个演练准备阶段的工作协调，设计演练方案，布置演练场地（模拟火情），部署作战任务，下达作战命令，控制演练进程。

消防其他专业组由消防支队自行制定方案，予以明确。

十、演练分工及任务

1. 演练综合协调、保障组：市安全生产监督局

组长由参加演练的市安全生产监督局最高领导担任，也可由其指定人员代其实施指挥。

任务：在演练总指挥部的统一领导下，负责演练的筹备、协调工作。

（1）负责演练的策划、方案的制定，各部门的协调和组织预演工作。

（2）负责主席台、观摩席、扩音设备、通信设备和饮用水的准备。

（3）负责参加演练各位首长和领导的签到，应邀人员的接待，指挥部（主席台）、观摩席的布置，演练所需器材物资的落实和准备，训练、演练中的各项后勤保障工作。

（4）负责演练的宣传报道、广播、现场解说（邀请）、录音、摄像、记录领导讲话和总结工作，并制作宣传资料光盘。

2. 灭火救援作战指挥组：市消防支队

组长由参加演练的市消防支队最高首长担任，也可由其指定人员代其实施指挥。组员由公安消防队和企业专职消防队、义务消防队组成。

任务：在演练总指挥部的统一领导下，负责事故现场一线灭火救援和抢险救援的指挥工作。

（1）组织进行侦察，了解、掌握危险化学品事故的性质、数量、泄漏情况、扩散范围，以及被困、危及人员情况。

（2）科学地进行分析、评估，尽快拟定警戒区域及抢险救援方案。

（3）调集和调整消防人员、车辆、装备、灭火剂等，部署救人、堵漏、灭火、输转、洗消、排污等任务。

（4）及时向总指挥部汇报灾害事故处置情况和意见、建议。

（5）传达总指挥部抢险救援作战意图，下达作战命令。

（6）发布、记录战斗命令。

（7）负责演练一线无线通信联络，保障通信畅通。

（8）组织指挥现场各参战消防力量之间的协同作战。

（9）根据现场情况变化，实施随机指挥。

（10）负责制定危险化学品事故演练方案。

3. 安全警戒疏散组：市公安局

组长由参加演练的市公安机关最高领导担任，成员由治安、交警、特警组成。

任务：在演练总指挥部的统一领导下，负责演练现场的安全警戒，疏散演练区域内的人员、车辆，确保演练现场秩序井然。

（1）负责现场警戒，严格限制无关人员、车辆进入演练现场。

（2）负责港口油库外侧××路与××隧道路口至港口油库门口加油站间道路的交通管制。

（3）负责指挥观摩演练来宾车辆停放工作。

（4）必要时疏散群众，并在人员疏散区域进行治安巡逻。

4. 环境监测组：市环保局

组长由参加演练的市环保局最高领导担任，成员由环保部门相关人员组成。其主要职责是：配监测车1辆，负责组织对演练现场的大气、土壤、水体进行环境实时监测，确定危险区域范围和危险物质的成分及其浓度，对演练现场的环境影响做出正确评估，为指挥人员决策和消除污染物提供依据，并负责对演练现场危险物质的处置。

5. 医疗救护组：市卫生局

组长由参加演练的市卫生局最高领导担任，成员由相关医疗单位医护人员组成。其主要职责是：在演练现场适当的位置设立医疗救护站，配救护车1辆，负责现场救护、治疗工作和卫生防疫工作，负责护送伤员到医院救护，负责统计伤亡人员情况。

6. 海事监测组：××海事局

组长由参加演练的市海事局最高领导担任，成员由海事局相关人员组成。其主要职责是：在演练现场（港口油库码头）附近停放海事艇1艘，负责演练现场附近海域的监测。

7. 电力应急组：市电力公司

组长由参加演练的市电力公司最高领导担任，成员由供电所技术人员组成。其主要职责是：配工程抢险车 1 辆，负责切断灭火救援现场危险部位的电源，保障电气安全。

8. 水压保障组：市自来水公司

组长由参加演练的市自来水公司最高领导担任，成员由该公司技术人员组成。其主要职责是：配工程抢险车 1 辆，检查附近管网压力，确保供水不间断。

十一、演练准备阶段

1. ×时×分，市安全生产监督局、市消防支队、港口油库各小组组长和工作人员进入库区开始清场，检查库区内部各条道路是否畅通，演练区固定消防设施是否完好，模拟油品泄漏装置是否好用，按规定放置好发烟罐、爆破等演练所需的各种器具，放置好围堵沙包。认真检查预先放置的各种器材装备是否到位和完好，在规定位置设置好总指挥部（主席台）、灭火战斗指挥部、观摩席、扩音设备、通信设备和饮用水。全部准备工作在×时×分之前完成，各小组一切准备工作就绪后向灭火战斗指挥部报告。

2. 发烟、爆破工作人员在×时×分之前进入各自岗位，做好一切准备工作后向灭火战斗指挥部报告。

3. ×时×分，××方向参战指挥车、消防车、救护车等力量在库区门口西侧××路（400 m 处）按战斗顺序集结，××、××、××方向参战指挥车、消防车等力量在库区门口东侧××路（200 m 处）按战斗顺序集结，集结完毕后，由各带队组长向灭火战斗指挥部报告。

4. 安全警戒组于×时×分至×时×分对港口油库库区外侧××路与××隧道路口至港口煤场道路的交通管制，各警戒点人员全部到位后，各点负责人向警戒组长报告。

5. ×时×分前，各参演单位对车辆器材进行全面检查，并对参战人员进行战前动员，×时×分，所有参战人员在车辆外侧成一路横队集合，灭火战斗指挥部副指挥进行检查，各项准备工作就绪。

6.×时×分演练总指挥部成员、应邀前来观摩演练的首长和有关领导到场就座。由播音员介绍演练基本概况、演练总指挥部组成人员名单、莅临指导的首长（现场广播）。

7.×时×分，现场总指挥向演练总指挥报告："报告总指挥，演练各项工作准备完毕，请指示。现场指挥员×××。"总指挥："按预定计划实施。"现场总指挥："是"，然后命令："各单位注意，演练开始。"

十二、演练实施阶段

1. 输油管道泄漏事故处置

×时×分，现场总指挥下达演练命令后，2名战士（人武部）同时向海域方向（库区南面）发射两枚红色信号弹。

×时×分，油库技术人员打开模拟油品泄漏装置阀门，高压输油管内的油料大量泄漏，油库巡检人员发现后，迅速实施关阀。可是，阀门损坏，无法彻底关闭，大量油料仍然通过下水道迅速向四周流淌，遇明火随时可能发生爆炸事故。油库技术人员向公司专职消防队报警的同时，迅速向"110"指挥中心报警，请求援助。公司专职、义务消防队员听到警情警报后，按照公司处置突发事件预案，围堤堵截泄漏油料，在泄漏油料表面喷射泡沫灭火剂进行覆盖，防止油品遇明火发生爆炸、起火。

×时×分，市"110"指挥中心、××区消防大队、市消防支队相继接到险情报警，命令××消防大队、××交警大队、辖区派出所赶赴现场参与救助。市消防支队命令支队特勤中队赶赴增援。

×时×分，××区消防大队到场后，通过对险情的侦察，进一步扩大安全警戒区域，并迅速组织精干力量对泄漏的管道实施堵漏。3名官兵在油库技术人员的配合下，通过5分钟的努力，成功封堵泄漏点。同时，油库职工迅速展开泄漏油品回收工作。输油管道泄漏事故处置圆满成功。

2. 油罐火灾事故处置演练

×时×分，施烟人员启动"爆炸"，从事故区连续发出三次震耳欲聋的爆炸声，同时点燃罐顶三只发烟罐，使3008号罐四周上空出现大量浓烟。

×时×分，油库义务消防队员立即一边关闭通向3008号罐的输油阀门，一边向油库专职消防队报警，并拉响警报。专职消防队员迅速启动库区自动消防设施，同时向"110"指挥中心报警。

×时×分，第二次点燃烟幕弹，进一步加大3008号罐周边发出的烟雾浓度，使"事故区"上空浓烟滚滚，此时，××区公安消防队4辆车20人和市消防支队特勤中队1车7人到场。在此同时，市消防支队全勤指挥部成员也赶到现场，组织指挥火灾扑救工作。

×时×分，现场消防指挥员命令全部开启3008、3007、2009号油罐喷淋冷却装置。此时，到场消防指挥员在部署力量的同时，迅速向市"110"指挥中心和有关部门报告，建议启动应急救援预案。同时下令调××大队泡沫车、××库专职消防队高喷消防车、大功率泡沫消防车前来增援；下令支队后勤处调运泡沫液5 t。

市危险化学品事故应急领导小组办公室接到险情报告后，立即报告市委、市政府值班室和领导小组组长。组长接报后，做出迅速启动应急救援预案的决定，并确定演练总指挥。总指挥当即任命副总指挥和现场总指挥。总指挥部发布第1号命令，命令应急预案相关成员单位按预案要求迅速赶往事故现场，参加事故处置。

×时×分，市公安局安全警戒疏散组到场。带队指挥员向演练指挥部报告："总指挥：安全警戒疏散组到达现场，请指示。"演练总指挥答："请对港口油库周边交通实行管制，确保救援车辆畅通无阻，同时视情况疏散周边群众。"带队指挥员答"是"，然后迅速采用对讲机布置任务。

×时×分，××区公安消防大队1辆泡沫消防车7名官兵到场参战。带队指挥员向现场总指挥报告："现场总指挥：××大队增援力量到场，请指示。"现场总指挥答："请你们按照跨区域灭火预案展开战斗。"带队指挥员答"是"，然后迅速命令该部官兵投入战斗。

×时×分，市卫生局医疗救护人员到场，1辆救护车停靠指定地点，组长立即向演练指挥部报告："总指挥：医疗救护组到达现场，请指示。"演练总指挥答："请原地待命，负责伤员的救护工作。"组长答"是"。组长立即命令医护人员设立救护站，做好各项准备工作，等待抢救命令。

×时×分，市环保局环境监测组1辆检测车共4人（携带检测器材）到达现场，组长立即向演练指挥部报告："总指挥：环境监测组到达现场，请指示。"演练总指挥答："请立即对现场附近环境进行检测，确定有无易燃、易爆物品泄漏，并密切注意周边水源是否受污染，并每10分钟向指挥部报告检测情况。"组长答"是"。组长立即命令两名技术人员下车在库区内进行检测，随后到海边进行观察。

×时×分，电力应急组到达现场。组长立即向演练指挥部报告："总指挥：电力应急组到达现场，请指示。"演练总指挥答："请原地待命，随时听从调派。"组长答"是"。组长立即命令应急小组人员在现场外围待命，做好各项准备工作，等待抢险指令。

×时×分，水压保障组到达现场。组长立即向演练指挥部报告："总指挥：水压保障组到达现场，请指示。"演练总指挥答："请检查附近管网压力，确保供水不间断。"组长答"是"。组长立即命令应急小组人员开始检查事故现场周边供水管网。

×时×分，1艘海事艇按要求到达港口油库码头附近海域，组长拨打有关部门报警电话报告："总指挥，海事监测组到达现场，请指示。"演练总指挥答："请立即对港口油库码头周边海域实施监测，必要时负责疏散港区内无关船舶。"组长答"是"，并按要求开始监测。

×时×分，2009 号罐发出"爆炸"预兆，灭火指挥员向总指挥部报告后，立即下达"事故现场所有消防力量全部撤出库区"的命令。

×时×分，2009 号罐发生"爆炸"，连续发出两次爆炸声，施放烟幕弹 3 枚，使 3008、2009 号罐附近浓烟滚滚。

×时×分，2 名消防官兵受伤，被救护小组救出并抬到救护站进行急救，经现场急救后用救护车送往"医院"。

×时×分，××库专职消防队 1 辆高喷消防车、1 辆大功率泡沫消防车、10 名队员赶到现场实施增援。带队指挥员向现场总指挥报告："现场总指挥：××油库专职消防队奉命到场，请指示。"现场总指挥："请你们按照跨区域灭火预案展开战斗。"带队指挥员答"是"，然后迅速命令全体队员投入战斗。

×时×分，市消防支队 5 t 备用泡沫灭火剂运到现场。带队指挥员向现场总指挥报告："现场总指挥，按要求 5 t 泡沫液运到现场，请指示。"现场总指挥："请你们组织力量卸车，充实到各战斗车辆。"带队指挥员答"是"，然后迅速命令随车官兵投入战斗。

×时×分，灭火指挥员下达："各组注意，按照灭火总攻方案调整力量，2 分钟后准备发起总攻。"

×时×分，现场总指挥员向演练总指挥部请示："总指挥，灭火总攻的各项准备工作就绪，是否开始，请指示。"演练总指挥答："开始总攻。"现场总指挥员："各组注意，开始总攻。"

×时×分，3008、2009 号罐区大火被彻底扑灭，在储罐上空 4 支白色水流交汇呼应，射向高空。其他的泡沫枪横扫防护堤内的地面，冷却水枪继续冷却。

×时×分，灭火指挥命令："停水。"

环境监测组组长向现场指挥部报告："现场总指挥：经检测，现场大气符合要求，周边水质无污染，确认无危险。"现场总指挥答："待命。"

×时×分，现场总指挥向演练总指挥报告："报告总指挥，××市危险化学品事故应急救援演练实施完毕，请指示。"演练总指挥答："演练结束。"

十三、演练结束阶段

×时×分，参战人员全部集合，现场总指挥向演练总指挥报告，现场总指挥："报告总指挥，参加演练队伍集合完毕，请指示。"演练总指挥："请稍息。"现场总指挥："是。"

2 名战士（人武部）发绿色信号弹二发。

演练总指挥讲话。

×时×分，演练总指挥部、观摩演练的首长和各位领导相继离开现场。

×时×分，开始清理现场。

十四、有关要求

1. 提高认识，加强领导，确保演练圆满成功。各级各部门要从讲政治的高度，统一思想，提高认识，从大局出发，把这次演练作为一项重要工作来抓，切实加强领导。按照演练组织部门的统一部署和承担的任务，实行责任制，明确专人负责，制定具体的工作措施，认真落实，确保演练任务的圆满完成。

2. 严密组织，科学训练，高质量完成训练科目。这次演练时间紧、任务重、参战人员多、标准高，各部门要严密组织，严格标准，认真选拔人员；加强后勤保障，落实生活、场地、器材等保障措施；按分工任务，各部门要制订周密的训练计划，科学施训，激发参战人员的训练热情，保持高昂的斗志，全力以赴投入到训练中去，确保高质量完成演练训练科目。

3. 认真落实安全制度，强化管理，严防事故。要针对这次演练训练工作的特点，把安全工作放在首位，结合本单位的实际，建立健全安全组织，制定安全措施，定期召开安全会议，进行安全教育。在训练和演练期间，各单位人员一定要服从管理，统一指挥，严守纪律，未经现场指挥部批准，参加演练及观摩人员不得擅自动用生产系统设施、设备，严禁现场抽烟，确保演练任务顺利完成。

附件：

危险化学品事故应急救援演练参与人员名单

单位	姓名	职务	备注	手机
市政府		副市长	总指挥	
		副秘书长	副总指挥	
市安全监管局		局 长	副总指挥	
		副局长	总指挥部成员	
		办公室主任		
		危化处处长		
市公安局		副局长	副总指挥	
		巡特警支队支队长		
		治安支队副支队长		
		××分局局长		
市消防支队		政 委	副总指挥	
		副支队长	现场总指挥	
		参谋长	现场副总指挥	
市交警支队		副支队长	总指挥部成员	
		副科长		
石油分公司		总经理	副总指挥	
		副总经理	现场副总指挥	
		油库副主任	现场指挥部成员	
市卫生局		副局长	总指挥部成员	
		处 长	现场副总指挥	
市环保局		副局长	总指挥部成员	
		主 任	现场副总指挥	

续表

单位	姓名	职务	备注	手机
海事局		副局长	总指挥部成员	
		副处长		
油库		副主任	现场副总指挥	
		消防队队长		
市电力公司		副总经理	总指挥部成员	
		班长		
市自来水公司		副总经理	总指挥部成员	
		主任助理		

第五章
危险化学品事故应急响应

第一节 应急响应工作程序概述

危险化学品事故应急响应工作是一个复杂的系统工程，每一个环节都可能需要牵涉方方面面的政府部门和救援力量。依据属地管理、分级负责的原则，事发地县级以上地方人民政府及其相关部门在事故应急工作中起主导作用。各相关部门按照职责分工承担的应急功能不同。

各级安监部门的主要工作如下：

1. 参与危险化学品事故的应急指挥、协调、调度。

2. 负责危险化学品事故的接报、报告、应急监测、污染源排查、调查取证等工作。

3. 根据现场调查情况及专家组意见对事态评估、信息发布、级别判断、污染物扩散趋势分析、污染控制、现场应急处置、人员防护、隔离疏散、抢险救援、应急终止等工作提出建议。

应急响应的主要环节和工作程序为：接报、判断、报告、预警、启动应急预案、成立应急指挥部、成立现场指挥部、开展应急处置、应急终止。

第二节　应急响应工作原则

1. 以人为本，减少危害

切实履行政府的社会管理和公共服务职能，把保障公众健康和生命财产安全作为首要任务，最大限度地保障公众健康，保护人民群众生命财产安全。

2. 依法应急，规范处置

依据有关法律和行政法规，加强应急管理，维护公众合法环境权益，使应对危险化学品事故的工作规范化、制度化、法制化。

3. 统一领导，协调一致

在各级党委、政府的统一领导下，充分发挥环保专业优势，切实履行安监部门工作职责，形成统一指挥、各负其责、协调有序、反应灵敏、运转高效的应急指挥机制。

4. 属地为主，分级响应

坚持属地管理原则，充分发挥基层党委、政府的主导作用，动员乡镇、社区、企事业单位和社会团体的力量，形成上下一致、主从清晰、指导有力、配合密切的应急处置机制。

5. 依靠专家，科学处置

采用先进的安全监测、预测和应急处置技术及设施，充分发挥专家队伍和专业人员的作用，提高应对危险化学品事故的科技水平和指挥能力，避免发生次生、衍生事件，最大限度地消除或减轻危险化学品事故造成的中长期影响。

第三节 报 告

一、信息来源

报告责任单位：危险化学品事故发生单位及其主管部门，安全主管部门，核与辐射安全监管部门，县级以上地方人民政府及其相关部门，其他企事业单位、社会团体。

公民有义务向政府及其相关部门报告危险化学品事故。

二、接报

1. 接报责任单位

各级人民政府、环境保护主管部门及其他政府职能部门。

2. 接报责任人工作规程

接到事件信息后，接报人立即对事件信息进行核实；核实后将有关书面报告材料或电话记录内容及时复印主送分管领导（分管领导出国或联系不上时，送值班领导，下同），分送其他相关领导、应急部门负责人和相关部门。特别重大事件同时主送主要领导。

夜间及节假日期间，接报人可通过电话报告。有关书面信息在上班后补送。

3. 接报内容及时限

接报人接到文字报告材料或电话报告后，必须核实后立即上报。对于电话报告，必须如实记录报告内容、信息来源、报告时间、报告人、电话号码等信息。

接报责任单位接到危险化学品事故报告后，应在 4 小时内向所在地县级以上人民政府报告，同时向上一级环境保护主管部门报告。

紧急情况时，可以越级上报。确认发生特别重大危险化学品事故后，必须立即上报国家安监总局。

三、报告

1. 事故发生单位必须在发生危险化学品事故后 1 小时内上报。

2. 地方各级安全主管部门报告按照以下规定执行：

危险化学品事故的报告分为初报、续报和处理结果报告三类。初报从接到危险化学品事故报告后起 1 小时内上报；续报根据应急处理工作进展情况每天上报，当情况发生特殊变化或有重要信息时应随时上报；处理结果报告在事件处理完毕后立即上报。

初报可用电话直接报告，主要内容包括：危险化学品事故的类型、发生时间、地点、污染源、主要化学品、人员受害情况、事件潜在的危害程度、转化方式趋向等初步情况，以及信息来源、报告人及联系方式等。

续报可通过网络，传真或书面报告，在初报的基础上报告有关确切数据，事件发生的原因、过程、进展情况及采取的应急措施等基本情况。

处理结果报告采用书面报告，在初报和续报的基础上，报告处理事件的措施、过程和结果，事件潜在或间接的危害、社会影响、处理后的遗留问题，参加处理工作的有关部门和工作内容，出具有关危害与损失的证明文件等详细情况。

3. 国家安监总局报告按照以下规定执行：

(1) 接到下列危险化学品事故信息时，应及时将事件信息上报国务院值班室、中办秘书局：

1) 可认定重大以上级别（Ⅰ、Ⅱ级）的事件。

2) 虽暂不能认定事件级别，但初步判断造成的环境污染或破坏可能使当地经济、社会活动受到较大影响的事件。

3) 在北京发生的属于较大（Ⅲ级）的事件。

(2) 接到认定属于较大（Ⅲ级）和一般（Ⅳ级）的危险化学品

事故信息时，不上报国务院值班室和中办秘书局。

（3）安监局负责起草事件信息动态情况报告，办公厅根据动态信息情况起草值班信息专报或给国务院的文件报告，经办公厅领导审核后报分管总局领导签发，特殊情况可直报分管总局领导签发。

特别重大的危险化学品事故或以总局正式文件上报国务院的信息由总局局长签发。

（4）对暂不能认定事件级别的事件信息，安监局根据了解的情况做出是否上报的建议，由分管总局领导确定是否上报。

（5）信息上报方式

1）事件信息的初报和续报以《安监总局值班信息》形式，由值班室通过专网上报国办值班室应急办，同时通过传真（涉密件通过红机密传）上报中办秘书局。

2）根据需要，重大以上级别事件的阶段性报告和最终处理情况的报告以总局正式文件上报国务院。

3）以总局正式文件上报国务院的事件信息，办公厅以《信息专报》形式上报中办秘书局。

（6）值班室接到的事件续报信息、监测快报、动态信息等，按照事件信息的初报运转方式，由值班室主送分管总局领导，复印分送总局领导和相关部门。

（7）事件信息的续报，仍由安监局提出上报建议，并起草事件信息动态情况报告，其运转审批方式同事件信息初报。

（8）事件信息应按特急件办理，各部门接到事件信息后应立即办理。如符合上报条件，初报原则上应在 2 小时内完成事件信息起草工作，3 小时内完成审核、审批、报送工作。续报可根据危险化学品事故处置情况及时上报。

（9）总局领导对危险化学品事故的批示，由办公厅文档处（工作时间以外由值班室）及时转相关部门办理，需要上报事件信息的，其运转审批方式同前。

第四节　应急响应

一、预警

按照危险化学品事故严重性、紧急程度和可能波及的范围，突发危险化学品事故的预警分为四级，特别重大（Ⅰ级）、重大（Ⅱ级）、较大（Ⅲ级）、一般（Ⅳ级），依次用红色、橙色、黄色、蓝色表示。根据事态的发展情况和采取措施的效果，预警级别可以升级，降级或解除。

蓝色预警由县级人民政府发布。

黄色预警由市（地）级人民政府发布。

橙色预警由省级人民政府发布。

红色预警由事发地省级人民政府根据国务院授权发布。

二、启动应急预案

1. 启动应急预案条件

危险化学品事故应急工作坚持属地为主的原则。地方各级人民政府按照有关规定负责本辖区内危险化学品事故的应急工作，上级环保部门及有关部门根据情况给予协调指导。

当发布蓝色预警或确认发生一般级别危险化学品事故后，当地县级政府应启动县级危险化学品事故应急预案。

当发布黄色以上级别预警或确认发生较大以上级别危险化学品事故以及一般危险化学品事故产生跨县级行政区域影响时，当地市级政府应启动市级危险化学品事故应急预案。

当发布橙色、红色预警或确认发生重大以上级别危险化学品事故以及较大危险化学品事故产生跨市级行政区域影响时，当地省级政府应启动省级危险化学品事故应急预案。

当发布红色预警或确认发生特别重大危险化学品事故以及发生跨省界、国界危险化学品事故时，应启动国家危险化学品事故应急预案。

2. 启动应急预案方式

当认定为特别重大或有可能发展为特别重大的危险化学品事故，由国家安监总局局长决定启动危险化学品事故应急预案。

当认定为重大或有可能发展为重大的危险化学品事故，发生或有可能发生跨省界、国界污染问题或有国务院领导批示的危险化学品事故，由国家环保总局分管领导决定启动危险化学品事故应急预案。

当发生或可能发生危险化学品事故事件，地方各级人民政府按照分级规定决定启动应急预案。

三、成立应急指挥部

1. 地方危险化学品事故应急指挥部

地方危险化学品事故应急指挥部是危险化学品事故的领导机构。指挥部一般由县级以上人民政府主要领导担任总指挥，成员由各相关地方人民政府、政府有关部门、企业负责人及专家组成。主要负责危险化学品事故应急工作的组织、协调、指挥和调度。

2. 国家危险化学品事故应急指挥部

应对特别重大危险化学品事故，成立以总局局长为组长，安全监管总局分管调度、应急管理和危险化学品安全监管工作的副局长为副组长，办公厅、政策法规司、安全生产协调司、调度统计司、危险化学品安全监督管理司、应急救援指挥中心、机关服务中心、通信信息中心、化学品登记中心等为成员的应急指挥部（可能发生涉外事务的，由国际司司长参加）。

应对重大危险化学品事故，或跨省界、国界危险化学品事故，或有国务院领导批示的危险化学品事故，成立以分管总局领导为组长，分管应急管理和危险化学品安全监管工作的副局长为副组长，办公厅、政策法规司、安全生产协调司、调度统计司、危险化学品安全监督管理司、应急救援指挥中心、机关服务中心、通信信息中心、化学品登记中心等为成员的应急指挥部（可能发生涉外事务的，由国际司司长参加）。

应急指挥部下设指导联络组、文件资料组、新闻报道组、现场处置组。

应急指挥部负责组织指挥各成员单位开展危险化学品事故的应急处置工作，设置应急处置现场指挥部，组织有关专家对危险化学品事故应急处置工作提供技术和决策支持，负责确定向公众发布事件信息的时间和内容，事件终止认定及宣布事件影响解除。具体负责内容如下：

（1）办公厅：负责应急值守，及时向安全监管总局领导报告事故信息，传达安全监管总局领导关于事故救援工作的批示和意见；向中央办公厅、国务院办公厅报送《值班信息》，同时抄送国务院有关部门；接收党中央、国务院领导的重要批示、指示，迅速呈报安全监管总局领导批阅，并负责督办落实；需派工作组前往现场协助救援和开展事故调查，及时向国务院有关部门、事发地省级政府等通报情况，并协调有关事宜。

（2）政策法规司：负责事故信息发布工作，与中宣部、国务院新闻办及新华社、人民日报社、中央人民广播电台、中央电视台等主要新闻媒体联系，协助地方有关部门做好事故现场新闻发布工作，正确引导媒体和公众舆论。

（3）安全生产协调司：根据安全监管总局领导指示和有关规定，组织协调安全监察专员赶赴事故现场参与事故应急救援和事故调查处理工作。

（4）调度统计司：负责应急值守，接收并处置各地、各部门上报的事故信息，及时报告安全监管总局领导，同时转送安全监管总局办公厅和应急指挥中心；按照安全监管总局领导指示，起草事故救援处理工作指导意见；跟踪、续报事故救援进展情况。

（5）危险化学品安全监督管理司：提供事故单位相关信息，参与事故应急救援和事故调查处理工作。

（6）应急救援指挥中心：按照安全监管总局领导指示和有关规定下达有关指令，协调指导事故应急救援工作；提出应急救援建议方案，跟踪事故救援情况，及时向安全监管总局领导报告；协调组织专家咨询，为应急救援提供技术支持；根据需要，组织、协调、调集相关资源参加救援工作。

（7）机关服务中心：负责安全监管总局事故应急处置过程中的后勤保障工作。

（8）通信信息中心：负责保障安全监管总局外网、内网畅通运行，及时通过网站发布事故信息及救援进展情况。

（9）化学品登记中心：负责建立化学品基本数据库，为事故救援和调查处理提供相关化学品基本数据与信息。

四、信息处理

1. 危险化学品事故报告时限和程序

对于重大（Ⅱ级）、特别重大（Ⅰ级）危险化学品事故：危险化学品事故责任单位和责任人以及负有监管责任的单位发生危险化学品事故后，应在 1 小时内向所在地县级以上人民政府报告，同时向上一级相关专业主管部门报告，并立即组织进行现场调查。紧急情况下，可以越级上报。

负责确认危险化学品事故的单位，确认重大（Ⅱ级）危险化学品事故后，1 小时内报告省级相关专业主管部门；确认特别重大（Ⅰ级）危险化学品事故后，立即报告国务院相关专业主管部门，并通报其他相关部门。

地方各级人民政府应当在接到报告后 1 小时内向上一级人民政府报告。省级人民政府在接到报告后 1 小时内，向国务院及国务院有关部门报告。

对于重大（Ⅱ级）、特别重大（Ⅰ级）危险化学品事故，国务院有关部门应立即向国务院报告。

对于较大危险化学品事故（Ⅲ级）和一般危险化学品事故（Ⅳ级）的报告时限可以规定为 4 小时。

企业危险化学品事故的报告也有相应的规定。如果企业危险化学品事故为重大（Ⅱ级）、特别重大（Ⅰ级）时，应在 1 小时内向所在地县级以上人民政府报告；为较大危险化学品事故（Ⅲ级）和一般危险化学品事故（Ⅳ级）时，报告时限明确规定为 4 小时；若事故的性质小于上述事故，则企业在事故发生后 48 小时内向当地安监部门报告。

2. 危险化学品事故报告方式与内容

对于重大（Ⅱ级）、特别重大（Ⅰ级）危险化学品事故：危险化学品事故的报告分为初报、续报和处理结果报告三类。初报从发现事件后起 1 小时内上报；续报在查清有关基本情况后随时上报；处理结果报告在事件处理完毕后立即上报。

初报、续报及处理结果报告的要求与上述地方各级安全主管部门要求报告的规定相同。

处理结果报告可以规定在应急行动结束后的 15 天内上报。

3. 企事业单位危险化学品事故报告时限、程序与内容

企事业单位发生危险化学品事故时，及时通报可能受到危害的单位和居民，并在事故发生后 48 小时内，向当地安监部门做出事故发生的时间、地点、类型，化学品的种类、数量、经济损失、人员受害及应急措施等情况的初步报告；事故查清后，应当向当地安监部门做出事故发生的原因、过程、危害、采取的措施、处理结果、

事故潜在危害或者间接危害、社会影响、遗留问题、防范措施等情况的书面报告，并附有关证明文件。

如果企事业单位能确认事故的级别，就应按规定的时限进行报告。

五、信息通报与发布

1. 信息通报

（1）特别重大和重大危险化学品事故（Ⅰ级，Ⅱ级）发生地的省（区、市）人民政府相关部门，在应急响应的同时，应当及时向毗邻和可能波及的省（区、市）相关部门通报危险化学品事故的情况。

（2）接到特别重大和重大危险化学品事故（Ⅰ级，Ⅱ级）通报的省（区、市）人民政府相关部门，应当视情况及时通知本行政区域内有关部门采取必要措施，并向本级人民政府报告。

（3）按照国务院的指示及时向国务院有关部门和各省、自治区、直辖市人民政府安监部门以及军队有关部门通报特别重大危险化学品事故（Ⅰ级）的情况。

（4）县级以上地方人民政府有关部门，对已经发生的危险化学品事故或者发现可能引发危险化学品事故的情形时，及时向同级人民政府安监行政主管部门通报。

（5）发生危险化学品事故的有关单位，应及时向毗邻单位和可能波及范围内的敏感点通报，并向所在地县级以上环境保护行政主管部门和有关主管部门报告。

2. 信息发布

危险化学品事故应急指挥部负责危险化学品事故信息的对外统一发布工作。信息发布要及时、准确，正确引导社会舆论。对于较为复杂的事故，可分阶段发布。必要时，由宣传部门负责协调危险化学品事故信息的对外统一发布工作。

国务院新闻办公室组织协调特别重大危险化学品事故信息的对外统一发布工作，有关类别危险化学品事故专业主管部门负责提供危险化学品事故的有关信息。

危险化学品事故发生后，应确定专人负责对新闻稿进行认真审核。

对重大危险化学品事故，要及时发布准确、权威的信息，正确引导社会舆论。

对于较为复杂的事故，可分阶段发布。先简要发布基本事实，正确引导舆论。

对于一般性事故，主动配合新闻宣传部门，对新闻报道提出建议，对灾害造成的直接经济损失数字的发布，应征求评估部门的意见。

对影响重大的突发事件处理结果，根据需要及时发布。

对于重大危险化学品事故（Ⅱ级）、较大危险化学品事故（Ⅲ级）和一般危险化学品事故（Ⅳ级）可分别由省、市、县地方政府发布。

第五节　应急处置

各相关应急力量在现场应急指挥部的统一领导下开展应急处置工作。

一、应急监测

危险化学品事故的应急监测，是环境监测人员在事故现场，用小型、便携、简易、快速监测仪器或装置，在尽可能短的时间内对污染物质的种类、污染物质的浓度、污染的范围及发展变化趋势、可能的危害等做出判断的过程。

应急监测的基本内容应包括编写应急监测方案、确定监测范围、布设监测点位、现场采样、确定监测项目、分析方法、监测结果与数据处理、监测过程质量控制、监测过程总结等，其中确定监测项目是应急监测中最关键的技术之一。

1. 编写应急监测方案

编写应急监测方案是为了在危险化学品事故发生的紧急状态下按照既定的程序快速实施应急监测。方案中需要落实不同类型污染的仪器配置、防护装备，明确规定工作程序、责任人和监测人员。在方案中至少应提供获得各种需要的基础资料的途径，如区域内其他监测机构、危险源基本资料、专家支持系统（如当地气象条件、危险品基本特性数据库、处理处置技术等），同时对应急监测的时效性应有原则要求。

2. 监测范围

确定监测范围的原则是尽量涵盖危险化学品事故的污染范围。如果监测能力达不到这样的要求，就按照人群密度大优先、影响人口多优先、环境敏感点或生态脆弱点优先、社会关注点优先、损失额度大优先的原则，确定监测范围。如果危险化学品事故有衍生影响，那么距离突发危险化学品事故发生时间越长，监测范围越大。

3. 布设监测布点

应急监测阶段采样点的设置一般以危险化学品事故发生地点为中心或源头，结合气象和水文条件，在其扩散方向合理布点，其中环境敏感点、生态脆弱点和社会关注点应有采样点。应急监测不但应对危险化学品事故污染的区域进行采样，同时也应在不会被污染的区域布设对照点位作为环境背景参照，在尚未受到污染的区域布设控制点位以对污染带移动过程形成动态监测。

4. 现场采样

现场采样应制订计划，采样人必须是专业人员。采样量应同时满足快速监测和实验室监测需要。采样频次主要根据污染状况确定，一般来说，应争取在最短时间内采集有代表性的样品。距离危险化学品事故发生时间越短，采样频次应越高。如果危险化学品事故有衍生影响，那么采样频次应根据水文和气象条件变化与迁移状况形成规律，以增加样品随时空变化的代表性。

5. 确定监测项目

确定监测项目是应急监测中的关键技术，对危险化学品事故控制和处理处置有举足轻重的作用。监测项目根据污染物特征确定，没有掌握污染源性质的情况下寻求应急监测技术支持系统中数据的支持，没有建立技术支持系统的情况下采取咨询专家意见等方法确定监测项目。

6. 分析方法

样品的分析应尽量利用现场快速方法对照实验室方法进行，优先采用国家标准分析方法、行业统一分析方法，也可等效采用 ISO、美国 EPA、日本 JIS 等其他方法进行监测。当上述方法都不能满足应急需要时，采用咨询专家、查找文献等方式确定分析方法，但必须在报出数据中说明。

7. 监测结果与数据处理

数据处理应参照相应的监测技术规范进行，数据修约按照国家标准执行。应急监测的监测结果可用定性，半定量或定量方式报出。定性监测只能报出是否检出，同时提供检测限；半定量监测可以提供测定结果或测定结果范围；定量监测则应提供测定结果。监测结果按照危险化学品事故应急预案中的规定报告，可采用电话、传真、快报、简报、监测报告等形式。

8. 监测过程质量控制

应急监测过程中应实施质量控制，原始样品采集、接样分样、现场分析监测、实验室分析、数据统计等过程都应有相应的质量保证，应急监测报告实行三级审核。

9. 监测过程总结

每一次应急监测完成后，应形成过程总结报告，总结经验和教训，持续提高应急监测水平。在人员和资源保证的情况下，可形成应急监测案例库。

二、污染源排查与防控

1. 污染源排查

对固定源（如生产、使用、储存危险化学品、危险废物单位和工业污染源等）可通过采取对相关单位有关人员（如管理、技术和使用人员）调查询问的方式，对企业生产工艺、原辅材料、产品等信息进行分析，一般可较快地确定污染源；通过采取痕迹监察的方式，对事故现场的一些遗留痕迹进行跟踪调查分析，确定污染源；通过采样对比分析方式，确定污染源等。

对流动源（危险化学品、危险废物运输）所引发的危险化学品事故，可通过对运输工具驾驶员、押运员的询问以及危险化学品的外包装、准运证、上岗证、驾驶证、车号等信息，确定运输危险化学品的名称、数量、来源、生产和使用单位；也可通过污染事故现场的一些特征，如气味、挥发性、遇水的反应特性等，初步判断污染物质；通过采样分析，确定污染物质等。

污染源排查的一般程序和内容：

（1）根据接报的有关情况，组织环境监察，监测人员携带执法文书、取证设备以及有关的快速监测设备，立即赶赴现场。

（2）根据现场污染的表观现象（包括颜色、气味以及生物指示），初步判定污染物的种类，利用快速监测设备确定特征污染因子及其浓度。

（3）根据特征污染因子，初步确定流域、区域内可能导致污染的行业。

（4）根据污染因子的浓度、梯度关系，初步确定污染范围。

（5）根据造成污染的后果，确定污染物量的大小，在确定的范围内，立即排查行业内的有关企业。

（6）通过调阅运行记录等手段，检查企业排放口、污染处理设施及有关设备的运行状况，最终确定污染源。

2. 污染防控

（1）污染源控制。主要通过人员排查，调查分析，查明污染源；通过采取停产、禁排、封堵、关闭等措施切断污染源；采用拦截、覆盖、稀释、冷却降温、吸附等措施防止污染物扩散；通过采取中和、固化、清理等措施消除污染。

（2）污染损害控制。主要通过停止生产生活用水、开展地下水资源监控、调度水利工程、人员疏散、终止社会活动、生产自救等措施减少污染损害。

三、应急指导

1. 专家组工作指导

各级安监部门根据危险化学品事故应急工作需要建立由不同行业、不同部门组成的专家库。专家库一般应包括监测、危险化学品、生态保护、环境评估、防化、化工、水利、水文、船舶污染控制、气象、农业、水利等方面的专家。

应急指挥部根据现场应急工作需要组成专家组，参与危险化学品事故应急工作，指导危险化学品事故应急处置，为应急处置提供决策依据。

发生危险化学品事故后，专家组迅速对事故信息进行分析、评估，提出应急处置方案和建议；根据事故进展情况和形势动态，提出相应的对策和意见；对危险化学品事故的危害范围、发展趋势做出科学预测；参与污染程度、危害范围、事故等级的判定，对污染区域的隔离与解禁、人员撤离与返回等重大防护措施的决策提供技术依据；指导各应急分队进行应急处理与处置；指导环境应急工作的评价，进行事件的中长期环境影响评估。

2. 现场应急工作指导

上级环保部门根据现场应急需要通过电话，文件或派出人员等方式对现场应急工作进行指导。

第六节　应　急　终　止

一、应急终止的条件

符合下列条件之一的，即满足应急终止条件：

1. 事故现场得到控制，事故条件已经消除。

2. 危险源的泄漏或释放已降至规定限值以内。

3. 事故所造成的危害已经被彻底消除，无继发可能。

4. 事故现场的各种专业应急处置行动已无继续的必要。

5. 采取了必要的防护措施以保护公众免受再次危害，并使事故可能引起的中长期影响趋于合理且尽量低的水平。

二、应急终止的程序

1. 现场救援指挥部确认终止时机，或事故责任单位提出，经现场救援指挥部批准。

2. 现场救援指挥部向所属各专业应急救援队伍下达应急终止命令。

3. 应急状态终止后，相关类别危险化学品事故专业应急指挥部应根据国务院有关指示和实际情况，继续进行环境监测和评价工作，直至其他补救措施无须继续进行为止。

三、应急终止后的行动

1）危险化学品事故应急指挥部指导有关部门及危险化学品事故单位查找事件原因，防止类似问题的事故重复出现。

2）有关危险化学品事故专业主管部门负责编制特别重大、重大危险化学品事故总结报告，于应急终止后上报。

3）应急过程评价。特别重大、重大危险化学品事故的应急过程评价由安监总局组织有关专家，会同事发地省级人民政府组织实施。其他危险化学品事故由当地政府负责组织实施。

4）根据实践经验，有关类别危险化学品事故专业主管部门负责组织对应急预案进行评估，并及时修订危险化学品事故应急预案。

5）参加应急行动的部门负责组织、指导危险化学品事故应急队伍维护、保养应急仪器设备，使之始终保持良好的技术状态。

第六章
危险化学品事故应急处置与救援

....

第一节　事故现场处置基本程序

....

　　大多数化学品具有有毒、有害、易燃、易爆等特点，在生产、储存、运输和使用过程中因意外或人为破坏等原因发生泄漏、火灾爆炸，极易造成人员伤害和环境污染的事故。制定完备的应急预案，了解化学品基本知识，掌握化学品事故现场应急处置程序，可有效降低事故造成的损失和影响。

一、隔离、疏散

1. 建立警戒区域

　　事故发生后，应根据化学品泄漏扩散的情况或火焰热辐射所涉及的范围建立警戒区，并在通往事故现场的主要干道上实行交通管制。建立警戒区域时应注意以下几项：

　　（1）警戒区域的边界应设警示标志，并有专人警戒。

　　（2）除消防、应急处理人员以及必须坚守岗位的人员外，其他人员禁止进入警戒区。

　　（3）泄漏溢出的化学品为易燃品时，区域内应严禁火种。

2. 紧急疏散

　　迅速将警戒区及污染区内与事故应急处理无关的人员撤离，以减少不必要的人员伤亡。

紧急疏散时应注意：

（1）如事故物质有毒时，需要佩戴个体防护用品或采用简易有效的防护措施，并有相应的监护措施。

（2）应向侧上风方向转移，明确专人引导和护送疏散人员到安全区，并在疏散或撤离的路线上设立哨位，指明方向。

（3）不要在低洼处滞留。

（4）要查清是否有人留在污染区与着火区。

注意：为使疏散工作顺利进行，每个车间应至少有两个畅通无阻的紧急出口，并有明显标志。

二、防护

根据事故物质的毒性及划定的危险区域，确定相应的防护等级，并根据防护等级按标准配备相应的防护器具。防护等级划分标准见表6—1。防护标准，见表6—2。

表 6—1 防护等级划分标准

	重度危险区	中度危险区	轻度危险区
剧毒	一级	一级	一级
高毒	一级	一级	二级
中毒	一级	二级	二级
低毒	二级	三级	三级
微毒	二级	三级	三级

表 6—2 防护标准

级别	形式	防化服	防护服	防护面具
一级	全身	内置式重型防化服	全棉防静电内外衣	正压式空气呼吸器或全防型滤器罐
二级	全身	封闭式防化服	全棉防静电内外衣	正压式空气呼吸器或全防型滤器罐

续表

级别	形式	防化服	防护服	防护面具
三级	呼吸	简易防化服	战斗服	简易滤器罐、面罩或口罩、毛巾等防护器材

三、询情和侦检

1. 询问遇险人员情况，容器储量、泄漏量、泄漏时间、部位、形式、扩散范围，周边单位、居民、地形、电源、火源等情况，消防设施、工艺措施、到场人员处置意见。

2. 使用检测仪器测定泄漏物质、浓度、扩散范围。

3. 确认设施、建（构）筑物险情及可能引发爆炸燃烧的各种危险源，确认消防设施运行情况。

四、现场急救

在事故现场，化学品对人体可能造成的伤害为：中毒、窒息、冻伤、化学灼伤、烧伤等。进行急救时，不论患者还是救援人员都需要进行适当的防护。

1. 现场急救注意事项

选择有利地形设置急救点；做好自身及伤病员的个体防护；防止发生继发性损害；应至少 2～3 人为一组集体行动，以便相互照应；所用的救援器材需具备防爆功能。

2. 现场处理

迅速将患者脱离现场至空气新鲜处；呼吸困难时给氧，呼吸停止时立即进行人工呼吸，心脏骤停时立即进行心脏按压；皮肤污染时，脱去污染的衣服，用流动清水冲洗，冲洗要及时、彻底、反复多次；头面部灼伤时，要注意眼、耳、鼻、口腔的清洗；当人员发生冻伤时，应迅速复温，复温的方法是采用 40～42℃恒温热水浸泡，使其温度提高至接近正常，对冻伤的部位进行轻柔按压时，应注意不要将伤处的皮肤擦破，以防感染；当人员发生烧伤时，应迅速将患者衣服脱去，用流动清水冲洗降温，用清洁布覆盖创伤面，避免伤口污染，不要任意把水疱弄破，患者口渴时，可适量饮水或含盐饮料。

3. 使用特效药物治疗，对症治疗，严重者送医院观察治疗

注意：急救之前，救援人员应确信受伤者所在环境是安全的。另外，进行口对口的人工呼吸及冲洗污染的皮肤或眼睛时，要避免受伤者进一步受伤。

五、泄漏处理

危险化学品泄漏后，不仅污染环境，对人体造成伤害，而且如遇可燃物质，还有引发火灾爆炸的可能。因此，对泄漏事故应及时、正确处理，防止事故扩大。泄漏处理一般包括泄漏源控制及泄漏物处理两大部分。

1. 泄漏源控制

可能时，通过控制泄漏源来消除化学品的溢出或泄漏。在厂调度室的指令下，通过关闭有关阀门、停止作业，或通过采取改变工艺流程、物料走副线、局部停车、打循环、减负荷运行等方法进行泄漏源控制。容器发生泄漏后，采取措施修补和堵塞裂口，制止化学品的进一步泄漏，对整个应急处理是非常关键的。能否成功地进行堵漏取决于以下几个因素：接近泄漏点的危险程度、泄漏孔的尺寸、泄漏点处实际的或潜在的压力、泄漏物质的特性。堵漏方法见表 6—3。

2. 泄漏物处置

现场泄漏物要及时进行覆盖、收容、稀释、处理，使泄漏物得到安全可靠的处置，防止二次事故的发生。泄漏物处置主要有 4 种方法：

（1）围堤堵截。如果化学品为液体，泄漏到地面上时就会四处

表 6—3   堵漏方法

部位	形式	方法
罐体	砂眼	使用螺丝加黏合剂旋进堵漏
	缝隙	使用外封式堵漏袋、电磁式堵漏工具组、粘贴式堵漏密封胶（适用于高压）、潮湿绷带冷凝法、堵漏夹具、金属堵漏锥堵漏
	孔洞	使用各种木楔、堵漏夹具、粘贴式堵漏封胶（适用于高压）、金属堵漏锥堵漏
	裂口	使用外封式堵漏袋、电磁式堵漏工具组、粘贴式堵漏密封胶（适用于高压）堵漏
管道	砂眼	使用螺丝加黏合剂旋进堵漏
	缝隙	使用外封式堵漏袋、电磁式堵漏工具组、粘贴式堵漏密封胶（适用于高压）、潮湿绷带冷凝法、堵漏夹具、金属堵漏锥堵漏
	孔洞	使用各种木楔、堵漏夹具、粘贴式堵漏封胶（适用于高压）堵漏
	裂口	使用外封式堵漏袋、电磁式堵漏工具组、粘贴式堵漏密封胶（适用于高压）堵漏
阀门		使用阀门堵漏工具组、注入式堵漏胶、堵漏夹具堵漏
法兰		使用专用法兰夹具、注入式堵漏胶堵漏

蔓延扩散，难以收集处理。为此，需要筑堤堵截或者引流到安全地点。储罐区发生液体泄漏时，要及时关闭雨水阀，防止物料沿明沟外流。

（2）稀释与覆盖。为减少大气污染，通常是采用水枪或消防水带向有害物蒸汽云喷射雾状水，加速气体向高空的扩散，使其在安全地带扩散。在使用这一技术时，将产生大量的被污染水，因此应疏通污水排放系统。对于可燃物，也可以在现场施放大量水蒸气或氮气破坏燃烧条件。对于液体泄漏，为降低物料向大气中的蒸发速度，可用泡沫或其他覆盖物品覆盖外泄的物料，在其表面形成覆盖层，抑制其蒸发。

（3）收容（集）。对于大型泄漏，可选择用隔膜泵将泄漏出的物料抽入容器内或槽车内；当泄漏量小时，可用沙子、吸附材料、中和材料等吸收中和。

（4）废弃。将收集的泄漏物运至废物处理场所处置。用消防水冲洗剩下的少量物料，冲洗水排入污水系统处理。

3. 泄漏处理注意事项

进入现场人员必须配备必要的个人防护器具。如果泄漏物是易燃易爆的，应严禁火种。应急处理时严禁单独行动，要有监护人，必要时用水枪、水炮掩护。

注意：化学品泄漏时，除受过特别训练的人员外，其他任何人不得试图清除泄漏物。

六、火灾控制

危险化学品容易发生火灾、爆炸事故，但不同的化学品以及在不同情况下发生火灾时，其扑救方法差异很大，若处置不当，则不仅不能有效扑灭火灾，反而会使灾情进一步扩大。此外，由于化学品本身及其燃烧产物大多具有较强的毒害性和腐蚀性，极易造成人员中毒、灼伤，因此，扑救化学危险品火灾是一项极其重要而又非常危险的工作。从事化学品生产、使用、储存、运输的人员和消防救护人员平时应熟悉和掌握化学品的主要危险特性及其相应的灭火措施，并定期进行防火演练，加强紧急事态时的应变能力。

一旦发生火灾，每个职工都应清楚地知道他们的作用和职责，掌握有关消防设施、人员的疏散程序、危险化学品灭火的特殊要求等内容。

1. 灭火对策

（1）扑救初期火灾。在火灾尚未扩大到不可控制之前，应使用适当移动式灭火器来控制火灾。迅速关闭火灾部位的上下游阀门，切断进入火灾事故地点的一切物料，然后立即启用现有各种消防设备、器材扑灭初期火灾和控制火源。

（2）对周围设施采取保护措施。为防止火灾危及相邻设施，必须及时采取冷却保护措施，并迅速疏散受火势威胁的物资。有的火灾可能造成易燃液体外流，这时可用沙袋或其他材料筑堤拦截流淌的液体或挖沟导流，将物料导向安全地点。必要时用毛毡、海草帘堵住下水井、阴井口等处，防止火焰蔓延。

（3）火灾扑救。扑救危险化学品火灾决不可盲目行动，应针对每一类化学品，选择正确的灭火剂和灭火方法。必要时采取堵漏或隔离措施，预防次生灾害扩大。当火势被控制以后，仍然要派人监护，清理现场，消灭余火。

2. 几种特殊化学品的火灾扑救注意事项

（1）扑救液化气体类火灾，切忌盲目扑灭火势，在没有采取堵漏措施的情况下，必须保持稳定燃烧。否则，大量可燃气体泄漏出来与空气混合，遇着火源就会发生爆炸，后果将不堪设想。

（2）对于爆炸物品火灾，切忌用沙土盖压，以免增强爆炸物品爆炸时的威力；扑救爆炸物品堆垛火灾时，水流应采用吊射，避免强力水流直接冲击堆垛而导致堆垛倒塌引起再次爆炸。

（3）对于遇湿易燃物品火灾，绝对禁止用水、泡沫、酸碱等湿性灭火剂扑救。

（4）氧化剂和有机过氧化物的灭火比较复杂，应针对具体物质具体分析。

（5）扑救毒害品和腐蚀品的火灾时，应尽量使用低压水流或雾状水，避免腐蚀品、毒害品溅出；遇酸类或碱类腐蚀品时，最好调制相应的中和剂稀释中和。

（6）易燃固体、自燃物品一般都可用水和泡沫扑救，只要控制住燃烧范围，逐步扑灭即可。但有少数易燃固体、自燃物品的扑救方法比较特殊，如2,4-二硝基苯甲醚、二硝基萘、萘等是易升华的易燃固体，受热放出易燃蒸汽，能与空气形成爆炸性混合物，尤其在室内，易发生爆燃，在扑救过程中应不时向燃烧区域上空及周围喷射雾状水，并消除周围一切火源。

注意：发生化学品火灾时，灭火人员不应单独灭火，出口应始终保持清洁和畅通，要选择正确的灭火剂，灭火时还应考虑人员的安全。

化学品火灾的扑救应由专业消防队来进行，其他人员不可盲目行动，待消防队到达后，介绍物料介质，配合扑救。

应急处理过程并非是按部就班地按以上顺序进行，而是根据实际情况尽可能同时进行，如危险化学品泄漏时，应在报警的同时尽可能快地切断泄漏源等。

化学品事故的特点是发生突然，扩散迅速，持续时间长，涉及面广。一旦发生化学品事故，往往会引起人们的慌乱，若处理不当，则会引起二次灾害。因此，各企业应制定和完善化学品事故应急救援计划。让每一个职工都知道应急救援方案，并定期进行培训，提高广大职工对付突发性灾害的应变能力，做到遇灾不慌，临阵不乱，正确判断，正确处理，增强人员自我保护意识，减少伤亡。

第二节　事故应急处置

一、典型化学反应事故的应急处置

1. 氧化化学反应事故扑救

氧化还原反应中，反应物的原子或离子失去电子的过程，称作氧化（或氧化反应）。能氧化其他物质，而本身被还原的物质称为氧化剂。

对有机物的反应来说，分子中引入氧或除去氢，或引入氧的同时也失去氢的反应称为氧化反应，这个过程称作氧化。

氧化反应一般在高温下进行，所以要严格控制反应温度。某些氧化剂如高锰酸钾、钾等具有很强的助燃性，应尽量避免遇高温摩擦、撞击或与酸类接触及和可燃物混合，否则易发生燃烧爆炸。

氧化反应系统宜设置氮气、水蒸气、阻火器等灭火装置保证安全。

2. 还原化学反应事故扑救

还原反应是指含氧物质被夺取氧的反应，也就是在氧化还原反应中得到电子的作用。

氧化与还原是同时发生而不可分开的两种反应。对有机物的反应来说，分子中加氢或去氧的反应，也称为还原反应，如不饱和银加氢、脱氧、碳原子上含氧、氮等原子团的还原。

有几种还原反应很不安全，大致有以下几类：初生态活性氢还原；用触媒（催化剂）把氢气活化后进行还原；用还原剂进行还原。

上述几类反应有氢气存在，氢气本身能燃烧，与空气混合达 4%～75%时遇明火就会爆炸，所以必须严格防火，注意控制氢气温度、压力及流量，并应安装氢气检测器和报警装置。

3. 硝化化学反应事故扑救

硝化化学反应一般包括两种情况：

（1）有机化合物分子中引入硝基（—NO_2）而生成硝基化合物的反应。

（2）亚硝酸细菌和硝酸细菌在空气充足的条件下，使土壤中的氨或铵盐转变为亚硝酸盐或硝酸盐的过程。

硝化是染料、炸药、某些药物等生产过程中的一个重要过程。

常用的硝化剂有浓硝酸、混合酸（浓硝酸和浓硫酸的混合物）、硝酸盐、氧化氮。

硝化反应是一个放热反应，所用原料甲苯、苯酚等都易燃、易爆。硝化剂（混合酸）具有强烈的氧化性和腐蚀性，所以硝化过程的安全技术很重要。

制备混合酸宜采用机械混合，不可用压缩空气混合，因为空气中常含有水、油等有害杂质。要不间断地搅拌和冷却，将温度控制在一定范围内。

硝化剂加料采用双重控制阀门，并设置必要的冷却水系统，防止由于超温而引起冲料着火。

搅拌机轴采用硫酸作润滑剂，温度计套管用浓硫酸作导热剂，切忌使用普通机油或甘油。硝化锅应附设相当容积的事故槽。

硝化用的原料、硝化剂以及硝化产品要妥善保管。硝化产品要单独隔离存放，有的（如硝化棉）要在潮湿状态下储存。

4. 氯化化学反应事故扑救

在有机化学中，氯原子取代有机化合物中氢原子的过程有置换和加成两种方法。

在无机化学中，元素或化合物和氯的反应生成一氯化硫，有时也称氯化。

在冶金工业中，利用氯气提炼某些金属，也称氯化。

氯化，根据反应条件的不同有热氯化、光氯化、催化氯、综合氯化等。氯化反应可制得多种化工原料和化工产品。

氯化反应所用的原料有苯、乙烯、乙炔等，都是易燃易爆物，所以氯化车间必须按防火防爆车间来处理。氯化反应设备必须有防腐蚀设施，还要有良好的冷却系统。

氯气是一种具有窒息性的毒气，比空气重 2.5 倍。逸出的氯气多聚集在地面或低洼处，可能引起工人中毒或窒息事故，所以车间应备有防毒面具或氧气呼吸器，以备急救用。

5. 磺化化学反应事故扑救

磺化化学反应是指有机化合物分子中引入磺基（—SO_3H）的反应。它是有机合成中的一个重要过程，在燃料、离子交换树脂、洗涤剂等的合成中应用较广。磺化可分为直接磺化和间接磺化。

有些有机化合物经磺化后，可进一步转变成羟基、氨基、氰基等化合物。有些有机化合物经磺化后，可增加产物的溶解度和酸性。

磺化是最典型的放热反应。如在使用液体硫酸酐作磺化剂时，反应热为 217 kJ/mol。在实际磺化过程中，硫酸释放的热量还要大一倍左右，这是由于在磺化过程中反应水稀释硫酸而产生一部分补充热量所引起的。因此，磺化过程中的主要危险在于不能有效地散热使反应物质过热，进而使磺化器内部压力迅速升高以及反应物从设备中泄漏，导致设备遭到破坏。

为保证磺化过程的安全，必须做到以下几项：设备冷却部件应采用耐酸材料制造；保证缓慢均匀加热条件和磺化器的有效冷却；磺化器应安装向反应物中均匀添加磺化剂的设备；安装温度自动调节器和自动连锁系统；设置大容量事故储罐。

6. 重氮化化学反应事故扑救

重氮化化学反应是使芳伯胺变为重氮盐的反应，通常由芳伯胺与亚硝酸在酸性溶液中进行。

重氮化是中间体、偶氮染料，以及某些药物、农药、炸药等生产中的一个重要过程。重氮化反应所产生的重氮盐很不稳定，温度稍高或在光的作用下极易分解。在酸性介质中，有些金属如铜、锌等会使重氮化合物激烈分解，甚至引起爆炸。

作为重氮剂的芳胺类化合物是可燃的有机物质，在一定条件下也会燃烧爆炸。

重氮化操作应在水溶液或潮湿状态下进行，反应温度控制在 0～5℃。应遵守操作规程，严格配比，注意不使用过量的亚硝酸钠。忌用铁、铜、锌等设备进行重氮化反应和储存重氮剂，宜采用木质或陶瓷容器。

重氮化反应器上应有伸向室外高空排放气体的管子，并应经常清洗其中的残留物。

重氮化使用的芳胺类化合物和亚硝酸钠等原料应妥善保管，并与相互能起激烈反应的物质隔离存放，且远离火源、热源和电源。

二、几类危险化学品事故的应急处置

1. 扑救压缩或液化气体火灾的基本对策

压缩或液化气体总是被储存在不同的容器内，或通过管道输送。其中储存在较小钢瓶内的气体压力较高，受热或受火焰熏烤容易发生爆裂。气体泄漏后遇火源已形成稳定燃烧时，其发生爆炸或再次爆炸的危险性与可燃气体泄漏未燃时相比要小得多。遇压缩或液化气体火灾时，一般应采取以下基本对策：

（1）扑救气体火灾切忌盲目扑灭火势，在没有采取堵漏措施的情况下，必须保持稳定燃烧。否则，大量可燃气体泄漏出来与空气混合，遇着火源就会发生爆炸，后果将不堪设想。

（2）首先应扑灭外围被火源引燃的可燃物火势，切断火势蔓延途径，控制燃烧范围，并积极抢救受伤和被困人员。

（3）如果火势中有压力容器或有受到火焰辐射热威胁的压力容器，那么能疏散的应尽量在水枪的掩护下疏散到安全地带，不能疏散的应部署足够的水枪进行冷却保护。为防止容器爆裂伤人，进行冷却的人员应尽量采用低姿射水或利用现场坚实的掩蔽体防护。对卧式储罐，冷却人员应选择储罐四侧角作为射水阵地。

（4）如果是输气管道泄漏着火，那么应设法找到气源阀门。阀门完好时，只要关闭气体的进出阀门，火势就会自动熄灭。

（5）储罐或管道泄漏且关阀无效时，应根据火势判断气体压力和泄漏口的大小及其形状，准备好相应的堵漏材料（如软木塞、橡皮塞、气囊塞、黏合剂、弯管工具等）。

（6）堵漏工作准备就绪后，即可用水扑救火势，也可用干粉、二氧化碳、卤代烷灭火，但仍需用水冷却烧烫的罐或管壁。火扑灭后，应立即用堵漏材料堵漏，同时用雾状水稀释和驱散泄漏出来的气体。如果确认泄漏口非常大，根本无法堵漏，那么只需冷却着火容器及其周围容器和可燃物品，控制着火范围，直到燃气燃尽，火

175

势自动熄灭。

（7）现场指挥应密切注意各种危险征兆，遇有火势熄灭后较长时间未能恢复稳定燃烧或受热辐射的容器安全阀火焰变亮耀眼、尖叫、晃动等爆裂征兆时，现场指挥必须适时做出准确判断，及时下达撤退命令。现场人员看到或听到事先规定的撤退信号后，应迅速撤退至安全地带。

2. 扑救易燃液体火灾的基本对策

易燃液体通常也是储存在容器内或通过管道输送的。与气体不同的是，液体容器有的密闭，有的敞开，一般都是常压，只有反应锅（炉、釜）及输送管道内的液体压力较高。液体不管是否着火，只要发生泄漏或溢出，就都将顺着地面（或水面）漂散流淌，而且，易燃液体还有密度和水溶性等涉及能否用水和普通泡沫扑救的问题以及危险性很大的沸溢和喷溅问题。因此，扑救易燃液体火灾往往也是一场艰难的战斗。遇易燃液体火灾，一般应采用以下基本对策：

（1）首先应切断火势蔓延的途径，冷却和疏散受火势威胁的压力及密闭容器和可燃物，控制燃烧范围，并积极抢救受伤和被困人员。如有液体流淌时，应筑堤（或用围油栏）拦截漂散流淌的易燃液体或挖沟导流。

（2）及时了解和掌握着火液体的品名、密度、水溶性以及有无毒害、腐蚀、沸溢、喷溅等危险性，以便采取相应的灭火和防护措施。

（3）对较大的储罐或流淌火灾，应准确判断着火面积。

小面积（一般 50 m² 以内）液体火灾，一般可用雾状水扑灭，用泡沫、干粉、二氧化碳、卤代烷灭火一般更有效。

大面积液体火灾则必须根据其相对密度、水溶性和燃烧面积大小，选择正确的灭火剂扑救。

密度比水小又不溶于水的液体（如汽油、苯等）起火时，用直流水、雾状水灭火往往无效，可用普通蛋白泡沫或轻水泡沫灭火。

用干粉、卤代烷灭火的效果要视燃烧面积大小和燃烧条件而定，最好用水冷却罐壁。

密度比水大又不溶于水的液体（如二氧化碳）起火时，可用水扑救，水能覆盖在液面上灭火，用泡沫也有效。

具有水溶性的液体（如醇类、酮类等），虽然从理论上讲能用水稀释扑救，但用此法要使液体闪点消失，水必须在溶液中占很大的比例。这不仅需要大量的水，也容易使液体溢出流淌，而普通泡沫又会受到水溶性液体的破坏（如果普通泡沫强度加大，就可以减弱火势），因此，最好用抗溶性泡沫扑救。

（4）扑救具有毒害性、腐蚀性或燃烧产物毒害性较强的易燃液体火灾，扑救人员必须佩戴防护面具，采取防护措施。

（5）扑救原油和重油等具有沸溢和喷溅危险的液体火灾时，如有条件，可采取放水、搅拌等防止发生沸溢和喷溅的措施，在灭火同时必须注意计算可能发生沸溢、喷溅的时间和观察是否有沸溢、喷溅的征兆。指挥员发现危险征兆时应迅速做出准确判断，及时下达撤退命令，避免造成人员伤亡和装备损失。扑救人员看到或听到统一撤退信号后，应立即撤至安全地带。

（6）遇易燃液体管道或储罐泄漏着火，在通过切断火势蔓延途径而把火势限制在一定范围内的同时，应设法找到并关闭输送管道的进、出阀门，如果管道阀门已损坏或是储罐泄漏，就应迅速准备好堵漏材料，先用泡沫、干粉、二氧化碳、雾状水等扑灭地上的流淌火焰，为堵漏扫清障碍，再扑灭泄漏口的火焰，并迅速采取堵漏措施。与气体堵漏不同的是，液体一次堵漏失败，可连续堵几次，只需用泡沫覆盖地面，并堵住液体流淌的途径和控制好周围的着火源，不必点燃泄漏口的液体。

3. 扑救爆炸物品火灾的基本对策

爆炸物品一般都有专门或临时的储存仓库。这类物品由于内部结构含有爆炸性基因，受摩擦、撞击、震动、高温等外界因素激发，极易发生爆炸，遇明火则更危险。遇爆炸物品火灾时，一般应采取以下基本对策：

（1）迅速判断和查明再次发生爆炸的可能性和危险性，紧紧抓住爆炸后和再次发生爆炸之前的有利时机，采取一切可能的措施，全力制止再次爆炸的发生。

（2）切忌用沙土盖压，以免增强爆炸物品爆炸时的威力。

（3）如果有疏散可能，且人身安全上确有可靠保障，那么应迅速组织力量及时疏散着火区域周围的爆炸物品，使着火区周围形成一个隔离带。

（4）扑救爆炸物品堆垛时，水流应采用吊射方式，避免强力水流直接冲击堆垛，以免堆垛倒塌引起再次爆炸。

（5）灭火人员应尽量利用现场现成的掩蔽体或尽量采用卧姿等低姿射水，尽可能地采取自我保护措施。消防车辆不要停靠在离爆炸物品太近的水源处。

（6）灭火人员发现有发生再次爆炸的危险时，应立即向现场指挥报告，现场指挥应迅速做出准确判断，确有发生再次爆炸的征兆或危险时，应立即下达撤退命令。灭火人员看到或听到撤退信号后，应迅速撤至安全地带，来不及撤退时，应就地卧倒。

4. 扑救遇湿易燃物品火灾的基本对策

遇湿易燃物品能与潮湿和水发生化学反应，产生可燃气体和热量，有时即使没有明火也能自动着火或爆炸，如金属钾、钠、三乙基铝（液态）等。因此，这类物品有一定数量时，绝对禁止用水、泡沫、酸碱灭火器等湿性灭火剂扑救。这类物品的这一特殊性给其火灾时的扑救带来了很大的困难。

通常情况下，遇湿易燃物品由于其发生火灾时的灭火措施特殊，因此在储存时要求分库或隔离分堆单独储存，但在实际操作中有时往往很难完全做到，尤其是在生产和运输过程中更难以做到，如铝制品厂往往遍地积有铝粉。对包装坚固、封口严密、数量又少的遇湿易燃物品，在储存规定上允许同室分堆或同柜分格储存。这就给其火灾扑救工作带来了更大的困难，灭火人员在扑救中应谨慎处置。对遇湿易燃物品火灾一般采取以下基本对策：

（1）首先应了解清楚遇湿易燃物品的品名、数量、是否与其他物品混存、燃烧范围、火势蔓延途径。

（2）如果只有极少量（一般 50 g 以内）遇湿易燃物品，那么不管是否与其他物品混存，仍可用大量的水或泡沫扑救。水或泡沫刚接触着火点时，短时间内可能会使火势增大，但少量遇湿易燃物品燃尽后，火势很快就会熄灭或减小。

（3）如果遇湿易燃物品数量较多，且未与其他物品混存，那么绝对禁止用水、泡沫、酸碱等湿性灭火剂扑救。遇湿易燃物品应用干粉、二氧化碳、卤代烷扑救，只有金属钾、钠、铝、镁等个别物品用二氧化碳、卤代烷无效。固体遇湿易燃物品应用水泥、干砂、干粉、硅藻土、蛭石等覆盖。水泥是扑救固体遇湿易燃物品火灾比较容易得到的灭火剂。对遇湿易燃物品中的粉尘如镁粉、铝粉等，切忌喷射有压力的灭火剂，以防止将粉尘吹扬起来，与空气形成爆炸性混合物而导致爆炸发生。

（4）如果有较多的遇湿易燃物品与其他物品混存，就应先查明是哪类物品着火以及遇湿易燃物品的包装是否损坏。可先用开关水枪向着火点吊射少量的水进行试探，如未见火势明显增大，则说明遇湿易燃物品尚未着火，包装也未损坏，应立即用大量水或泡沫扑救，扑灭火势后立即组织力量将淋过水或仍在潮湿区域的遇湿易燃物品疏散到安全地带分散开来。如射水试探后火势明显增大，则说明遇湿易燃物品已经着火或包装已经损坏，应禁止用水、泡沫、酸碱灭火器扑救，若是液体应用干粉等灭火剂扑救，若是固体应用水泥、干砂等覆盖，如遇钾、钠、铝、镁轻金属发生火灾，最好用石墨粉、氯化钠以及专用的轻金属灭火剂扑救。

（5）如果其他物品火灾威胁到相邻的较多遇湿易燃物品，应先用油布或塑料膜等其他防水布将遇湿易燃物品遮盖好，然后在上面盖上棉被并淋上水。如果遇湿易燃物品堆放处地势不太高，则可在其周围用土筑一道防水堤。在用水或泡沫扑救火灾时，对相邻的遇湿易燃物品应留一定的力量监护。

由于遇湿易燃物品性能特殊，又不能用常用的水和泡沫灭火剂扑救，因此从事这类物品生产、经营、储存、运输、使用的人员及消防人员平时应经常了解和熟悉其品名和主要危险特性。

5. 扑救氧化剂和有机过氧化物火灾的基本对策

氧化剂和有机过氧化物从灭火角度讲是一个杂类，既有固体、液体，又有气体；既不像遇湿易燃物品一概不能用水和泡沫扑救，也不像易燃固体几乎都可用水和泡沫扑救。有些氧化剂本身不燃，但遇可燃物品或酸碱能着火和爆炸。有机过氧化物（如过氧化二苯甲酰等）本身就能着火、爆炸，危险性特别大，扑救时要注意人员防护。不同的氧化剂和有机过氧化物火灾，有的可用水（最好雾状水）和泡沫扑救，有的不能用水和泡沫，有的不能用二氧化碳扑救。因此，扑救氧化剂和有机过氧化物火灾是一场复杂而又艰难的战斗。遇到氧化剂和有机过氧化物火灾，一般应采取以下基本方法：

（1）迅速查明着火或反应的氧化剂和有机过氧化物以及其他燃烧物的品名、数量、主要危险特性、燃烧范围、火势蔓延途径、能否用水或泡沫扑救。

（2）能用水或泡沫扑救时，应尽一切可能切断火势蔓延，使着火区孤立，限制燃烧范围，同时应积极抢救受伤和被困人员。

（3）不能用水、泡沫、二氧化碳扑救时，应用干粉或用水泥、干砂覆盖。用水泥、干砂覆盖应先从着火区域四周尤其是下风等火势主要蔓延方向覆盖，形成孤立火势的隔离带，然后逐步向着火点进逼。

由于大多数氧化剂和有机过氧化物遇酸会发生剧烈反应甚至爆炸，如过氧化钠、过氧化钾、氯酸钾、高锰酸钾、过氧化二苯甲酰等，因此，专门生产、经营、储存、运输、使用这类物品的单位和场合对泡沫和二氧化碳也应慎用。

6. 扑救毒害品、腐蚀品火灾的基本对策

毒害品和腐蚀品对人体都有一定的危害。毒害品主要是经口或吸入蒸汽或通过皮肤接触而引起人体中毒的。腐蚀品是通过皮肤接触使人体形成化学灼伤的。毒害品、腐蚀品有些本身能着火，有的本身并不着火，但与其他可燃物品接触后能着火。这类物品发生火灾一般应采取以下基本对策：

(1) 灭火人员必须穿防护服，佩戴防护面具。一般情况下采取全身防护即可，对有特殊要求的物品火灾，应使用专用防护服。考虑到过滤式防毒面具防毒范围的局限性，在扑救毒害品火灾时应尽量使用隔绝式氧气或空气面具。为了在火场上能正确使用和适应这些防护设备，平时应进行严格的适应性训练。

(2) 积极抢救受伤和被困人员，限制燃烧范围。毒害品、腐蚀品火灾极易造成人员伤亡，灭火人员在采取防护措施后，应立即投入寻找和抢救受伤、被困人员的工作，并努力限制燃烧范围。

(3) 扑救时应尽量使用低压水流或雾状水，避免腐蚀品、毒害品溅出。遇酸类或碱类腐蚀品最好调制相应的中和剂稀释中和。

(4) 遇毒害品、腐蚀品容器泄漏，在扑灭火势后应采取堵漏措施。腐蚀品需用防腐材料堵漏。

(5) 浓硫酸遇水能放出大量的热，会导致沸腾飞溅，需特别注意防护。扑救浓硫酸与其他可燃物品接触发生的火灾，浓硫酸数量不多时，可用大量低压水快速扑救。如果浓硫酸量很大，应先用二氧化碳、干粉、卤代烷等灭火，然后再把着火物品与浓硫酸分开。

7. 扑救易燃固体、自燃物品火灾的基本对策

易燃固体、自燃物品火灾一般都可用水或泡沫扑救，相对其他种类的化学危险物品而言是比较容易扑救的，只要控制住燃烧范围，逐步扑灭即可。但也有少数易燃固体、自燃物品的火灾扑救方法比较特殊，如2，4－二硝基苯甲醚、二硝基萘、萘、黄磷等。

（1）2，4－二硝基苯甲醚、二硝基萘、萘等是能升华的易燃固体，受热发出易燃蒸气。火灾时可用雾状水、泡沫扑救并切断火势蔓延途径，但应注意，不能认为扑灭明火焰即已完成灭火工作，因为受热以后升华的易燃蒸气能在不知不觉中飘逸，在上层与空气能形成爆炸性混合物，尤其是在室内，易发生爆燃。因此，扑救这类物品火灾千万不能被假象所迷惑。在扑救过程中应不时向燃烧区域上空及周围喷射雾状水，并用水浇灭燃烧区域及其周围的一切火源。

（2）黄磷是自燃点很低，在空气中能很快氧化升温并自燃的自燃物品。遇黄磷火灾时，首先应切断火势蔓延途径，控制燃烧范围。对着火的黄磷应用低压水或雾状水扑救。高压直流水冲击能引起黄磷飞溅，导致灾害扩大。黄磷熔融液体流淌时应用泥土、沙袋等筑堤拦截并用雾状水冷却，对磷块和冷却后已固化的黄磷，应用钳子钳入储水容器中，来不及钳时可先用沙土掩盖，但应做好标记，等火势扑灭后，再逐步集中到储水容器中。

（3）少数易燃固体和自燃物品不能用水和泡沫扑救，如三硫化二磷、铝粉、烷基铝、保险粉等，应根据具体情况区别处理。宜选用干沙和不用压力喷射的干粉扑救。

8. 扑救放射性物品火灾的基本对策

放射性物品是一类发射出人类肉眼看不见但却能严重损害人类生命和健康的 α、β、γ 射线和中子流的特殊物品。扑救这类物品火灾必须采取特殊的能防护射线照射的措施。平时生产、经营、储存、运输、使用这类物品的单位及消防部门，应配备一定数量的防护装备和放射性测试仪器。遇这类物品火灾一般应采取以下基本对策：

（1）先派出精干人员携带放射性测试仪器，测试辐射（剂）量和范围。测试人员应尽可能地采取防护措施。

对辐射（剂）量超过 0.0387 C/kg 的区域，应设置写有"危及生命、禁止进入"的警告标志牌。

对辐射（剂）量小于 0.0387 C/kg 的区域，应设置写有"辐射危险、请勿接近"的警告标志牌。测试人员还应进行不间断巡回监测。

（2）对辐射（剂）量大于 0.0387 C/kg 的区域，灭火人员不能深入辐射源纵深灭火进攻。对辐射（剂）量小于 0.0387 C/kg 的区域，可快速用水灭火或用泡沫、二氧化碳、干粉、卤代烷扑救，并积极抢救受伤人员。

（3）对燃烧现场包装没有被破坏的放射性物品，可在水枪的掩护下佩戴防护装备设法疏散，无法疏散时，应就地冷却保护，防止造成新的破损，增加辐射（剂）量。

（4）对已破损的放射性物品容器切忌搬动或用水流冲击，以防止放射性物品沾染范围扩大。

第三节　事故现场应急救援

较完整的化学事故现场急救的概念是：发生化学事故时，为了减少伤害，救援受害人员，保护人群健康而在事故现场所采取的一切医学救援行动和措施。

化学事故现场急救的意义和目的：

（1）挽救生命。通过及时有效的急救措施，如对心跳呼吸停止的病人进行心肺复苏，以达到救命的目的。

（2）稳定病情。在现场对病人进行对症治疗、支持及相应的特殊治疗与处置，以便病情稳定，为后一步的抢救打基础。

（3）减少伤残。发生化学事故特别是重大或灾害性化学事故时，不仅可能出现群体性化学中毒和化学性烧伤，而且往往还可能发生各类外伤，诱发潜在的疾病或使原来的某些疾病恶化。现场急救时正确地对病伤员进行冲洗、包扎、复位、固定、搬运及其他相应处理可以大大地降低伤残率。

(4)减轻痛苦。通过一般及特殊的救护达到安定病人情绪，减轻病人痛苦的目的。

一、现场急救的组织与实施

1. 概述

化学事故现场急救的关键是把握好"急"与"救"这两个字。急是指在救援行动上要充分体现快速集结、快速反应，此时此刻真正体现出"时间就是生命"。必须有可行的措施来保证能以最快速度、最短时间让伤病员得到医学救护。现场急救成败的关键除了高超的医疗技术、完善的设备外，更重要的是时间。救是指对伤病员的救援措施和手段要正确有效，处置有方，表现出精良的技术水准和良好的精神风范，以及随机应变的工作能力。实践证明，化学事故应急救援成功的关键往往是在现场急救，而现场急救是否成功很大程度上又取决于现场急救的组织与实施。由于化学事故具有突发性、复杂性、危害性、群体性，特别是在发生重大或灾害性事故时现场急救工作不同于一般的医疗救护工作，有其特定的内涵，再加上化学事故应急救援工作常常涉及多部门和多种救援专业队伍的配合协调，因此化学事故现场急救的组织工作尤其重要。

2. 现场急救的实施程序

化学事故的现场急救必须按照一定的程序进行。

(1)接报。接报是指接到救援指令或要求救援的请求。接报是实施救援工作的第一步，也是很重要的一步，接报人一般由救援总值班担任。接报人应做好如下工作：

1)问清报告人的姓名、单位、部门、联系电话。

2)问明事故发生的时间、地点、事故单位、事故原因、主要毒物、事故性质（毒物外泄、爆炸、燃烧）、危害波及范围和程度，以及救援单位有何具体要求，同时做好电话记录，必要时问清救援时的行动路线。

3）向单位领导汇报接报情况，请示派出救援队伍。

4）通知本单位有关部门做好抢救准备工作。

5）向上级有关部门报告情况，反映要求和建议。

（2）集结。救援单位领导或救援总值班根据接报情况，以及救援单位力量，下令集结医学救援队伍。救援人员应根据规定的时间和要求在指定地点集结，并携带好各自负责的器材与装备。

（3）出发。清点人员、装备后立即出发。途中通过车载电话或移动电话（或对讲机）与救援单位及事故单位保持联系，随时报告行动状况。

（4）报到。救援队伍到达救援现场后，向事故现场指挥部报到。其目的是了解现场情况，接受救援任务，提出救援建议。

（5）选点。选择有利地形（地点）设置现场急救医疗点。选点工作关系到能否顺利开展现场急救工作和保护自身的安全，必须慎重。现场急救医疗点设置应考虑如下几点：

1）应选上风向的非污染区域，但不要远离事故现场，以便于就近抢救伤员。

2）位置：尽可能靠近事故现场指挥部，以便于保持联系。

3）路段：应接近路口的交通便利区，以利于伤病员转运车辆的通行和急救医疗点的应急转移。

4）条件：急救医疗点可设在室外或室内，面积尽量要大，便于对众多人员的同时救护，同时尽可能保证有水和电的来源。

5）标志：急救医疗点要设置醒目的标志，以便于救援人员和伤员的识别。最好是悬挂轻质面料的红十字白旗，可方便急救人员随时掌握现场风向的变化。

（6）初检与复检。初检是指对伤病员进行初步的医学检查，按轻、中、重、死亡分类。初检不同于临床诊断，目的是尽快将伤病员简易分类以便于救护人员识别，并给予不同的处置。初检人员应该由有经验的医师担任，可根据事故的性质安排合适科室的医师担任。

初检要处理危及生命的或正在发展成为危及生命的疾病或损伤。在这一阶段，应特别注意进行基本伤情的估计及气道、呼吸和循环系统的检查（ABCS）。由于头颈部的过度伸展可能加重已有的颈椎损伤，所以应抬起下颌或推进颌骨来保证气道开放。一旦建立了通畅的气道，就可按"看、听、感觉"的方法来检查呼吸系统。看，即通过观察胸壁的运动来判断呼吸功能；听，即用一侧耳朵尽量接近伤病员的口和鼻部去听有无气体交换的声音；感觉，即听的同时，用脸感觉有无气流呼出。对于循环系统的检查，成年人可摸颈动脉搏动，婴幼儿检查股动脉搏动，还应测量和记录伤病员的脉率和血压，在进行气道、呼吸和循环检查的同时，必须迅速进行全身的检查，以便确定是否存在大出血。在初检的过程中，应袒露伤员的胸部，以便于发现前胸部可能危及生命的明显损伤。伤病员的意识水平连同其他生命体征及检查时间应记录在病人的皮肤上或分类卡上。

初检应将那些有生命危险但经迅速治疗仍可救援的伤病员区分出来，将那些不及时处理肯定会死亡的伤病员鉴别出来。最好在移动伤员之前，首先进行复苏救治，并将重要部位（如脊柱）固定。初检的步骤如图6—1所示。

复检是在已鉴别出危及生命的损伤，对伤病员的进一步危害已降低到最低程度之后进行的，其目的是鉴别伤病员可能存在的其他较不重要的损伤。

复检时要对伤病员从头到脚进行系统的望、触、叩、听的体格检查。这可以获得受伤原因、简单病史和症状。当检查者与伤病员不能正常交流时，如昏迷、小儿和耳聋伤员，复检就显得更为重要。

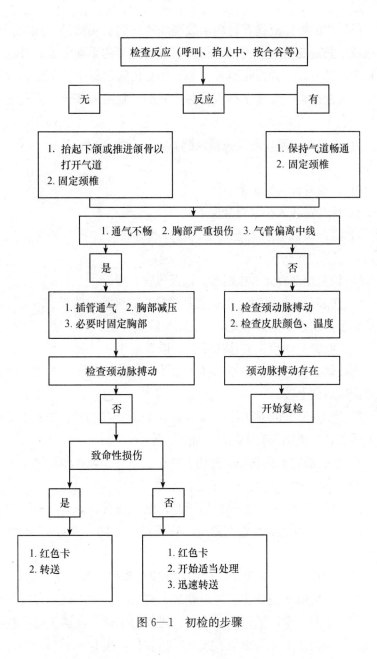

图 6—1　初检的步骤

最理想的复检应是在远离事故现场的伤病员集结地完成的。根据检查中获得的资料，可以对伤病员进行适当的重新分类，并选择适宜的后送方式。如果正确地去做，那么伤病员每个部位的体格检查都不会漏掉，一般要求在数分钟内完成。复检可按照下面的方法进行：

1) 先检查头部，触摸头顶及脑后，找有无伤口、擦伤、挫伤和变形。

2) 检查耳鼻有无出血。

3) 检查瞳孔大小及对光反应。

4) 打开口腔检查有无出血、伤口和异物（如折裂的牙齿或托牙）。

5) 检查颈部有无颈椎畸形，以及气管位置。

6) 伤病员在侧卧时，迅速摸其锁骨、肩胛骨、肱骨、肘部、尺桡骨和手，以确定是否有畸形、压痛和肿胀存在。当能触诊到手时，检查毛细血管充血度，并按压手指，以评估手的神经血管功能。排除此侧肢体损伤之后，测量脉搏和血压；如果此侧肢体损伤，检查者应测量对侧上肢。

7) 进行肺部和心脏听诊，并同时检查胸骨和肋骨，查看有无畸形和压痛，检查胸部有无伤口、擦伤、挫伤。

8) 检查腹部有无伤口、擦伤、挫伤、强直、触痛和膨胀。

9) 摇动骨盆，检查骨盆带是否完整。

10) 检查靠近检查者一侧的下肢，触摸股骨、髌骨、胫腓骨及足部。检查足部毛细血管充盈度，按压足趾以估计神经血管功能。然后检查对侧下肢。

11) 翻转病人呈俯卧位，检查和触摸背部和臀部。

伤病员携带伤情标志，可以是红、黄、绿、黑不同颜色的布条或袖章，上面分别印着重、中、轻、死亡的字样。在遇大量烧伤病人时，伤情标志上尚需标明有无呼吸道烧伤。还有一种较好的方法是设计一种"化救卡",化救卡用不同颜色标志不同的分类,同时在卡上设立病员"基本情况""初步诊断""处理措施"等项目,便于记录病员在现场及转运途中的病情发展变化及救治措施,起到一个简易"病历卡"的作用,为后一步的救治提供依据和参考。这种化救卡在有大批伤病员都需要紧急救治的情况下,无论在现场急救还是在急诊科(室)的抢救中都能起到很好的作用,值得采用。

(7)分类。伤病员分类是指伤病员的伤情分类和救治的先后顺序。灾害伤病员分类使那些能从现场处理中获得最大医疗效果的伤病员得到优先处理,而不是首先处理那些最严重的伤病员。现代灾害伤病员分类只对那些只有经过处理才能存活的伤病员给予优先处理,而对不经处理也可存活的伤病员和即使处理也要死亡的伤病员则不给予优先处理。

在有大量伤病员的灾害中,伤病员的分类要有利于生命抢救措施的实施。适用上述原则,可以将最优先获得处置的伤病员进行处置,从而最大限度地降低死亡率,同时使有限的医务人员和医疗力量发挥最大作用。

从初检和复检所获得的生命体征资料可用来计算创伤计分,利用创伤计分法可使伤病员得到及时、正确的处理。创伤计分法及创伤计分相对应的生存率分别见表6—4和表6—5。

表6—4 创伤计分法

项目	指标	得分	计分
A:呼吸频率(次/min) (15 s的呼吸次数×4)	10~24	4	A:
	25~35	3	
	>36	2	
	1~9	1	
	0	0	
B:呼吸用力 (用附属肌或肋间肌收缩)	正常	1	B:
	收缩或不正常	0	

续表

项目	指标	得分	计分
C：收缩期血压（mmHg） （任何一臂）	＞90	4	C：
	70～89	3	
	50～69	2	
	0～49	1	
D：无颈动脉搏动	0	0	D：
E：毛细管充盈度 正常——前额或舌黏膜颜色在2 s内修复 延迟——毛细管充盈＞2 s 不正常——毛细血管不充盈	正常	2	E：
	延迟	1	
	不正常	0	
F：格拉斯昏迷度（GCS） 1. 睁眼反应	自动睁眼	4	F：
	呼唤睁眼	3	
	疼痛睁眼	2	
	不睁眼	1	
2. 语言反应	回答正确	5	
	回答错误	4	
	乱说乱讲	3	
	只能发音	2	
	不能言语	1	
3. 运动神经反应	按吩咐动作	6	
	对疼痛能定位	5	
	会躲避疼痛	4	
	刺痛时肢体屈曲	3	
	刺痛时肢体过伸	2	
	不能运动	1	
GCS总点数（1＋2＋3）	14～15	5	
	11～13	4	
	8～10	3	
	5～7	2	
	3～4	1	
创伤计分（总分＝A＋B＋C＋D＋E＋F）			

表 6—5　　　　　　　　创伤计分相对应的生存率

创伤计分	相应生存率（PS）	创伤计分	相应生存率（PS）
16	99%	8	45%
15	98%	7	31%
14	96%	6	21%
13	94%	5	13%
12	89%	4	7.5%
11	82%	3	4.3%
10	72%	2	2.5%
9	59%	1	1.4%

1) 优先处理。一般来说，创伤计分 4～12 分的伤病员应得到立即处理和后送。这些伤病员有危及生命的损伤，但处于可能获救的状态。他们常常存在休克和严重失血，意识丧失，未解决的呼吸问题，严重的胸部（或）和腹部开放或闭合伤。另外，下面三种烧伤也可危及生命，故也应迅速处理和后送：危及呼吸的烧伤、Ⅲ度烧伤面积达 10%、Ⅱ度烧伤面积＞30%。

2) 次优先处理。创伤计分 13、14 或 15 分的伤病员，应认为是紧急的，但一般可以在伤病员集结地用适当的紧急救治措施来稳定病情。这些伤员包括：背部损伤合并或不合并脊髓损伤的伤员、500～1 000 mL 的中等量失血的伤病员、GCS 总点数＞12 的意识清醒的头部损伤的伤病员。次优先处理的伤病员包括：Ⅲ度烧伤面积＜10%且无呼吸损伤的伤病员、Ⅱ度烧伤面积＜30%而无呼吸损伤的伤病员。

3) 延期处理。创伤计分 16 分的伤病员为最轻的伤病员，或至少受伤后生理学没有太大改变的伤病员，这些伤病员的处理和后送不太紧急。包括：轻度骨折、轻度烧伤、轻度软组织损伤（如擦伤、挫伤）。

4) 濒死伤病员的处理。濒死伤病员范围限于那些遭受致命性损伤，必然要死亡的伤病员，或创伤计分少于或等于 3 分的伤病员。包括：Ⅱ度或Ⅲ度烧伤面积＞60%，同时合并其他严重损伤；严重头部或胸部损伤；严重的脑外露的头部损伤；已无自主呼吸或心脏停止跳动超过 15 min，且心肺复苏由于伤情严重而不可能的伤病员。

如果对表 6—1、表 6—2 的每个观察项目、指标以及得分情况能熟练掌握，那么在实际运用中，其效果和作用是相当明显的。根据创伤计分与相应的生存率，有人做了统计，证明了创伤计分的实际指导作用。

国外常用一种多色灾害伤员分类卡系统。其颜色设计如下：红卡——立即处理；绿卡——次优先处理；黄卡——延期处理；灰卡——濒死或已死。使用这一分类卡系统，可为伤病员伤情、哪些伤病员应优先处理及后送提供一个易于辨识的标记。

另外，某些其他因素（见表 6—6），如损伤的方式、机理及伤病员的年龄，也应在分类时考虑到。从其性质来说，有些伤病员死亡的危险性很高，但通过迅速专科处理，可能降低其死亡率，而且伤病员的年龄对分类有重要影响，即使所受损伤并不很重时也是如此。

表 6—6　　　　　　　　分类时应考虑的其他因素

---

1. 损伤机理。存在下列任何一项时，应迅速后送，进行专科处理：

（1）胸部、腹部、头部、颈部和腹股沟部的穿透性损伤

（2）两个或两个以上近侧长骨骨折

（3）合并有面积＞15%的烧伤（面部或气道）

（4）连枷胸

（5）有大力作用于身体的证据

1）18 m 以上高处跌落

2）以 32 km/h 速度碰撞

3）伤病员被甩出舱外

4）乘客座舱被撞击陷入 38 cm 以上

5）同一车、船、飞机内的乘客有死亡者

2. 伤病员年龄：

年龄＜5 岁或年龄＞55 岁的伤病员都应考虑迅速后送，并进行专科处理，特别是还有心肺疾患的伤病员

---

(8) 救治。对必须现场急救的伤病员所采取的医疗救治措施为：现场急救处理一般采取共性处理，对特殊伤病员给予相应的个体化处理。在救治中要遵循"先救命、后治病，先重后轻、先急后缓"的原则，把有限的医疗资源用到最紧急、最需要的地方，如对心跳呼吸停止的伤病员要迅速给予心肺复苏，对创伤大出血引起休克的伤病员要立即止血抗休克等。对于已死亡以及救治无望的伤病员不宜耗费过多的人力、物力资源，以便能让更多、更需要救治，而且救治有望的伤病员得到尽快的救护。

(9) 转送。将分类救治后的伤病员分别向院内或院外转送。对于不同类型的伤病员，可以利用不同的交通工具给予转送，如轻伤病员可以用一般车辆，较重的需要用救护车辆，严重的需要用急救型救护车。也就是说对于需要进一步抢救的伤病员的转送，不应该是普通的运输，而应在医学监护下安全转送，即医疗救护运输。转运途中的医学监护是现场急救的一种延续，是现场急救与院内急救连接的"链"。现代医疗救护运输新观念的出现，结束了以传统的单纯的运输为主的"运载工具"，而出现了以"流动医院"或"活动急救站"为基本模式的"运输工具"，它是抢救危重伤病员的活动场所，是浓缩的急诊室，它就是具有运输、抢救、监护功能的现代急救车辆、飞机等。

(10) 报告。报告是指救援期间需现场指挥部协调解决的问题或救援结束时，向现场指挥部或救援单位内部报告救援情况以及转移、撤点、返回的请示。

(11) 撤离。救援工作结束后，并经有关部门的同意，取消现场急救医疗点，救援人员撤离现场返回。撤离时应做好现场的清理、器材装备的清点、数字的统计工作等。

(12) 汇报。救援工作全部结束后，用文字材料向上级汇报救援工作，总结经验教训，提出整改方案，建议表彰救援有功人员等。

3. 现场急救的注意事项

（1）染毒区人员撤离现场的注意事项

1）做好防护再撤离。染毒区人员撤离前应自行或相互帮助戴好防毒面罩或者用湿毛巾捂住口鼻，同时穿好防毒衣或雨衣（风衣）把暴露的皮肤保护起来免受损害。

2）迅速判明上风方向。撤离现场的人员应迅速判明风向，可利用旗帜、树枝、手帕来辨明风向。

3）防止继发伤害。染毒区人员应尽可能利用交通工具向上风向作快速转移。撤离时，应选择安全的撤离路线，避免横穿毒源中心区域或危险地带，防止发生继发伤害。

4）应在安全区域实行急救。遇呼吸心跳骤停的伤病员，应立即将其运离染毒区后，就地立即实施人工心肺复苏，并通知其他医务人员前来抢救，或者边做人工心肺复苏边就近转送医院。

5）发扬互帮互助精神。染毒区人员应在自救的基础上，帮助同伴一起撤离染毒区域，对于已受伤或中毒的人员更是需要他人的救助。

（2）救援人员进入染毒区域的注意事项

1）救援人员进入染毒区域必须事先了解染毒区域的地形、建筑的分布、有无爆炸及燃烧的危险、毒物种类及大致浓度，选择合适的防毒用品，必要时穿好防护衣。

2）应至少2～3人为一组集体行动，以便互相监护照应。所用的救援器材需具备防爆功能。

3）进入染毒区的人员必须明确一位负责人，指挥协调在染毒区域的救援行动，最好配备一部对讲机随时与现场指挥部及其他救援队伍联系。

（3）开展现场急救工作时的注意事项

1）做好自身防护。要备好防毒面罩和防护服，在现场急救过程中要注意风向的变化，一旦发现急救医疗点处于下风向遭受到污染时，就立即做好自身及伤病员的防护，并迅速向安全区域转移，重新设置现场急救医疗点。

2) 实行分工合作。在事故现场，特别是有大批伤病员的情况下，现场救援人员应实行分工合作，做到任务到人，职责明确，团结协作。

①检伤分类组：负责伤病员的初检分类。

②危重伤病员急救组：负责危重伤病员的现场急救，如心肺复苏及其他危急症的处理。

③一般伤病员救治组：负责一般伤病员的处理，如冲洗、中和、止血、包扎、复位、固定及其他一般性救护工作。

④伤病员转运组：视伤病员情况给予就地救治后安排车辆转送，特殊伤病员在有医学监护的情况下转送。

⑤现场调查监测组：对事故现场进行调查分析、空气监测等。

现场救援医疗分队必须明确队长 1 名，副队长 1～2 名，负责现场急救工作的组织、指挥、协调。

3) 急救处理程序化。为了避免现场救治工作杂乱无章，可事先设计好不同类型的化学事故应该采取的现场急救程序。如群体化学中毒事故，可采取如下步骤：除去伤病员污染的衣物—冲洗—共性处理—个性处理—转送医院。

4) 注意保护好伤病员眼睛。在为伤病员进行医疗处置的过程中，应尽可能地保护好伤病员的眼睛，切记不要遗漏对眼睛的检查和处理。

5) 处理污染物。要注意对伤病员污染衣物的处理，防止发生继发性损害。特别是对某些毒物中毒（如氰化物、硫化氢）的伤病员进行人工呼吸时，要谨防救援人员发生中毒，因此不宜进行口对口人工呼吸。

6) 交、接手续要完备。对现场急救处理后的伤病员，应该做到一人一卡（化救卡），将基本情况、初步诊断、处理措施记录在卡上，并别在伤病员胸前或挂在其手腕上，既便于识别也便于下一步的诊治。移交伤病员时手续要完备。

7）做好登记统计工作。应做好现场急救工作的统计工作，做到资料完整、数据准确，为日后总结经验教训积累第一手资料。一般应包括如下内容：事故单位、时间、地点、毒物名称、中毒及受伤人员、死亡人数、事故原因、处理经过、危害程度、经济损失、成功的经验与失败的教训。

4. 转送伤病员的注意事项

（1）合理安排车辆。在救护车辆不够的情况下，对危重伤病员应在医疗监护的情况下安排急救型救护车转送，对中度伤病员应安排普通型救护车转送，对轻度伤病员可安排客车或货车集体转送。

（2）合理选送医院。转送伤病员时，应根据伤病员的情况以及附近医疗机构的技术力量和特点有针对性地转送，避免再度转院。如一氧化碳中毒病人宜就近转到有高压氧舱的医院，有颅脑外伤的病人尽可能转送有颅脑外科的医院，烧伤严重的伤员尽可能转送有治疗烧伤力量的医院。但是必须注意避免因一味追求医院条件而延误抢救时机。

现场急救是一项复杂的工作，要求医学救援人员除掌握一定的医疗急救技术外，还需要知道化学危险品的理化特性和毒性特点，懂得防护知识，对气象和地形环境知识也有所了解，这样才能更有效地实施救援又能保护自身安全。另外现场情况千变万化，救援人员要灵活机动、随机应变，切忌机械与教条。

二、现场急救的原则与要点

1. 诊断原则

化学事故发生后救援人员必须对伤病员迅速诊断，才能做到及时正确救治。一般从以下四个方面考虑建立诊断。

（1）根据事故现场的情况。应该根据事故的性质、程度、毒物的种类和毒性，有无燃烧、爆炸、窒息、坠落、撞击等现场情况分析可能致伤致病的原因。

（2）根据伤病员的临床表现。迅速准确地对伤病员进行检查与询问，根据伤病员临床症状和体征来分析判断。

（3）根据现场可能的检查、化验和监测资料。有条件时可通过如流动的 X 线检查及常规化验服务车进行检查、化验；通过空测仪器设备对空气毒物浓度及氧含量进行监测分析，为现场诊断提供依据。

（4）做好与其他疾病的鉴别。在原因不明、诊断不清的情况下，应认真做好与其他疾病的鉴别，特别是急性化学中毒与其他内科疾患和其他类毒物中毒之间的鉴别，以免误诊，造成抢救的延误和失效。

2. 急救要点

（1）现场急救的一般救治原则

1）立即解除致病原因，脱离事故现场。

2）置神志不清的伤病员于侧卧位，防止气道梗阻，缺氧者给予氧气吸入，呼吸停止者立即施行人工呼吸，心跳停止者立即施行胸外心脏挤压。

3）皮肤烧伤时应尽快清洁创面，并用清洁或已消毒的纱布保护好创面，对酸、碱及其他化学物质烧伤者先用大量流动清水和足够时间（一般 20 min）进行冲洗后，再进一步处置，禁止在创面上涂敷消炎粉、油膏类；眼睛灼伤时要优先彻底冲洗。

4）如严重中毒要立即在现场实施病因治疗及相应对症、支持治疗；一般中毒伤病员要平坐或平卧休息，密切观察监护，随时注意病情的变化。

5）骨折，特别是脊柱骨折时，在没有正确固定的情况下，除止血外应尽量少动伤病员，以免加重损伤。

6）勿随意给伤病员饮食，以免呕吐物误入气管内。

7）置伤病员于空气新鲜、安全清静的环境中。

8）防止休克，特别是要注意保护心、肝、脑、肺、肾等重要器官功能。

（2）急性化学中毒现场救治要点

1）将伤病员移离中毒现场，至空气新鲜场所给予吸氧，脱除污染的衣物，用流动清水及时冲洗皮肤，对于可能引起化学性烧伤或能经皮肤吸收中毒的毒物更要充分冲洗，时间一般不少于 20 min，并考虑选择适当中和剂中和处理；眼睛有毒物溅入或引起灼伤时要优先迅速冲洗。

2）保护呼吸道通畅，防止梗阻。密切观察伤病员意识、瞳孔、血压、呼吸、脉搏等生命体征，发现异常立即处理。

3）中止毒物的继续吸收。皮肤污染时要用清水冲洗或中和。经口中毒，毒物为非腐蚀性者，立即用催吐或洗胃以及导泻的办法使毒物尽快排出体外。但腐蚀性毒物中毒时，一船不提倡用催吐与洗胃的方法。

4）尽快排出或中和已吸收入体内的毒物，解除或对抗毒物毒性。通过输液、利尿、加快代谢、排毒剂和解毒剂清除已吸收入体内的毒物。排毒剂主要指综合剂，解毒剂指能解除毒作用的特效药物。

5）对症治疗，支持治疗。保护重要器官功能，维持酸碱平衡，防止水电解质紊乱，防止继发感染以及并发症和后遗症。

（3）急性化学中毒现场救治注意事项

1）急性化学中毒现场救治非常重要，处理恰当可阻断或减轻中毒病变的发展；反之，则会加重或诱发严重病变。一些刺激性气体中毒时，如早期安静休息，常可避免肺水肿发生；如休息不当活动太多，精神紧张，则往往促使肺水肿发生。"亲神经"毒物中毒时，早期必须限制进入水量，尤其是静脉输液，如在潜伏期或中毒早期输液过多过快，则会促使发生严重脑水肿。

2）中毒病情有时较重较快，故需密切观察，详细记录，并随时掌握主要临床表现，及时采取救治措施。治疗中还应预防继发或并发性病变，如中毒性脑病，进展期应防止呼吸中抑制及脑疝形成，昏迷期应防止继发感染，恢复期患者体力和精神状态都未恢复时，应防止发生其他意外（如跌伤）。

3）抢救过程中维持水电解质和酸碱平衡非常重要，准确地记录出入水量，调整输液总量及电解质量，使机体环境保持稳定。

4）可引起急性中毒的毒物成千上万，多种多样。有些毒物不但缺乏临床资料，而且也缺乏毒理资料，同时由于个体差异，吸入量不同或有毒物含有杂质，使中毒患者的临床表现差异较大，变化较多，在这种情况下，必须根据病情进行对症治疗。

5）一些药物，如排毒剂及解毒剂这些特殊药物，在现场急救时应抓紧时机，尽量应用，否则当毒物已造成严重器质性病变时，其疗效将明显降低。同时随病情进展，一些继发性或并发的病变可能转为主要矛盾，使特效药无法发挥其作用。若药物剂量过大，可产生副作用，故必须结合具体情况随时调整剂量。

6）在急性化学中毒的现场救治中，使用一些中医的中药、针灸等治疗方法，简单易行，方便有效，常起到意想不到的效果。

3. 自救与互救

自救是指发生化学事故时，事故单位实施的救援行动以及在事故现场受到事故危害的人员自身采取的保护防御行为。自救是化学事故现场急救工作人员最基本、最广泛的救援形式。自救行为的主体是企业及职工本身。由于他们对现场情况最熟悉、反应速度最快，因此发挥的救援作用最大。化学事故现场急救工作往往通过自救行为能有效控制或解决问题。

互救（他救）是指发生化学事故时，事故现场的受害人员相互之间的救护以及他人或企业救援队伍或社会救援力量组织实施的一切救援措施与行动。互救（他救）是救死扶伤的人道主义和相互帮助的社会主义精神文明的体现。在发生大的化学事故，特别是灾害性化学事故时，在本身救援力量有限的情况下，争取他人的救助和社会力量的救援相当重要。化工系统职工医院、职防院（所），特别是化学事故应急救援中心，在化学事故医学救援中，要充分发挥急救、技术咨询、指导、培训的作用，为救援工作做出应有的贡献。

自救与互救（他救）是化学事故应急救援工作中两种不能截然分开的重要的基本的形式。救援人员——企业职工，特别是医务人员，必须掌握自救与互救方面的一些基础知识和基本技能，如胸外心脏挤压、人工呼吸、防护用品的使用，事故状态下的紧急逃生、撤离、烧伤、触电的现场紧急处置，外伤急救四大技术等，才能使现场急救工作成效显著。

三、现场急救的器材与装备

一场大的化学事故往往要动用大量救援人员和救援器材。一个好的化学事故应急救援中心，或化工企业医院或化工职防院（所），在化学事故的应急救援工作中也应具备相应的器械与装备。一般而言，化学事故的现场急救需要如下四类器材与装备：急救器材与药品、防护用品、急救车辆、急救通信工具。

1. 急救器材与药品

（1）一般急救器材。包括扩音话筒、照明工具、帐篷、雨具、安全区指示标志、急救医疗点及风向标志、检伤分类标志、担架等。

（2）常规与特殊急救器材。包括简易手术床和麻醉用品、氧气、便携式吸引器、雾化器、呼吸气囊或呼吸机、口对口呼吸管、心脏挤压泵、气管内导管、喉镜、各种穿刺针、静脉导管、胃管、导尿管、环甲膜切开器、静脉切开包、减张切开包、胸腔闭式引流装置、各类注射器、输液装置、三角巾、绷带、无菌敷料、胶布、止血带、抗休克裤、四肢夹板、脊柱板、心电图仪，有条件还可配备除颤仪、心脏起搏器、流动式 X 线诊断和常规检验及空气监测服务车，常规器材（如听诊器、血压计、温度计、压舌板、开口器等）。

（3）急救药品。包括肾上腺素、去甲肾上腺素、异丙肾上腺素、利多卡因、心得安、山梗菜碱、尼可刹米、回苏灵、西地兰、毒 K、安定、非那根、苯巴比安、氯丙嗪、杜冷丁、吗啡、氨茶碱、地塞米松、氢化可的松、阿托品、654—2、止血敏、安络血、抗血纤溶环酸、脑垂体后叶素、多巴胺、可拉明、酚妥拉明、利血平、硝普钠、亚硝酸异戊酯、硝酸甘油、速尿、甘露醇、消泡净、几类主要解毒剂和排毒剂、葡萄糖注射液、注射用水、生理盐水、碳酸氢钠注射液、乳酸林格氏液、血浆代用品、外用消毒剂、口服烧伤饮料、酸碱烧伤中和冲洗液、眼药水、眼膏等。

2. 防护用品

进入化学事故现场实施救援的人员，在有毒气泄漏或可能导致中毒、化学性灼伤、缺氧窒息的情况下，必须佩戴好个体防护器材（如防毒面具、口罩、帽子、手套、防护衣裤、洗消除沾用品等）方可进入污染现场，其防护用品种类、用法、注意事项参阅有关章节。

3. 急救车辆

急救车辆就是能够在紧急情况下，运输、监护、抢救危重病人的一种专用运输工具。根据救护车专业标准的规定，急救救护车分为四类：指挥型救护车，用于大型灾难性事故的现场组织指挥、医学救护工作，主要具有通信、指挥、扩音等功能；抢救型救护车，车内装有心肺复苏、心脏除颤、呼吸机等抢救装备，为危重病人所用；专科型救护车，可分为创伤、中毒、灾害、产科、眼科、内外科复苏等专科救护车，其仪器设备因科而异；普通型救护车，车内有担架，一般无其他医疗设备，主要用于普通病人的运输。在实际工作中根据使用要求，通常将急救车分为普通型急救车和复苏型急救车两类，其医疗器械的装备和药品配置，依各自的条件以及需要而定。但一些最基本的急救装备与药品，必须按以下要求配备。只有符合下述装备水平的救护车，才能称为真正的急救车。

(1) 普通型急救车

1) 担架与运送用品类：包括普通担架、折叠式担架、床垫、床单、被子、枕头等。

2) 止血用品类：包括止血带、压迫绷带、胶布、止血钳等。

3) 人工呼吸用具类：包括人工呼吸器、开口器、压舌板、备用氧气瓶或氧气袋。

4) 夹板类：包括全身夹板、局部夹板。

5) 绷带类：包括三角巾、绷带、急救包、绷带夹、纱布等。

6) 冲洗用具类：包括点眼瓶、洗眼壶、冲淋器、受水器等。

7) 护理应急处理用品类：包括洗手盆、胶皮手套、便器、污物桶、冰枕、冰囊、体温计、血压计、油纸、脱脂棉等。

8) 手术器械类：包括剪刀（三种一组）、手术刀、镊子（三种一组）、卷棉棒、麦粒钳子等。

9) 消毒器具类：包括蒸汽消毒器、煮沸消毒器、喷雾消毒器、手指消毒器。

10) 容器类：包括急救箱、药品柜、瓶皿、广口瓶、纱布盘、水锅等。

11) 急救用具类：包括救生带、腰带、救生具、安全帽头灯、非常信号用具、手电筒、个人防毒用品等。

12) 外伤消毒药、一般消毒液以及各种急救药品。

(2) 复苏型急救车

1) 配备普通型急救车全套常规装备。

2) 危重病人床旁监护仪（直流供电）。

3) 直流除颤器和按需起搏器（附全套导管电极）。

4) 射流式人工呼吸器、气囊口罩、口腔咽喉用气道管、气管内导管、气管切开用接头、氧气气源等。

5) 便携式吸引器、心脏挤压设备（心脏泵）、背板、头部稳定装置等。

6）无线电通信装备、车载电话、对讲机以及其他救助设备。

4. 急救通信工具

现场急救通信工具的配置非常重要。在现在条件下现场急救可以配备：电台或车载电话，手提移动电话，对讲机。一般情况下，化学事故应急救援队伍在执行救援任务时，负责人至少要携带一部手提移动电话或对讲机，以便与现场指挥部或急救单位保持联系。在平时，急救队伍的骨干人员应配备手机，以便一旦发生化学事故时可以做到快速集结，快速反应。

四、复苏

1. 心肺复苏

心脏骤停也是循环骤停，是指各种原因引起的心脏突然停搏，会引起意外性非预期死亡，也称猝死。美国每年因心肌梗死猝死者有 40 万人，如果心肺复苏措施及时有效，那么其存活率高达 70%～80%。心脏骤停的常见病因有急性心肌梗死（AMI）、低血钾和重症心肌炎，此外还有心肌病、二尖瓣脱垂、肺动脉栓塞、电解质紊乱、药物过敏或中毒、麻醉意外、创伤、触电、溺水、蛇咬伤、窒息、急性胰腺炎、迷走神经反射和其他各类心、肺疾病。

心脏骤停的临床表现为意识丧失（常伴抽搐）、呼吸停止、心音停止及大动脉搏动消失、瞳孔散大、紫绀明显。按一般规律，心脏停搏 15 s 后意识丧失，30 s 后呼吸停止，60 s 后瞳孔散大固定，4 min 后糖无氧代谢停止，5 min 后脑内 ATP 枯竭、能量代谢完全停止，故缺氧 4～6 min 后脑神经元会发生不可恢复的病理改变。

在复苏过程中探索 CPR 疗效，将死亡诊断分为临床死亡与生物学死亡。前者表现为心跳、呼吸停止，意识丧失、瞳孔散大等症状，但呼吸循环中断时间尚未超过脑细胞不可逆损伤极限，一般认为该极限为完全缺血缺氧 4 min，但最近研究发现，脑细胞损伤不可逆伤极限常在心跳、呼吸停止 6 min 以上。

一旦判定呼吸、心跳停止，就立即捶击心前区（胸骨下部）并去除病因，采取以下步骤进行复苏急救。

（1）常采用仰头抬额法，确保呼吸道畅通及判断有无呼吸。解开上衣→暴露胸部→松开裤带→急救者位于病人一侧→一手插入颈后→向上托起→一手按压前额使头后仰→颈项过伸→用手指去除口咽内异物，有活动假牙应去掉→将耳贴近病人口鼻，面对胸部→倾听有无呼吸声，观看胸部起伏→确认呼吸停止。

（2）口对口呼吸。急救者将压前额手的拇指、食指捏闭病人的鼻孔→另一手托下颌→将病人口张开→做深呼吸→用口紧贴并包住病人口部吹气→看病人胸部升起方为有效→脱离病人口部→放松捏鼻孔的拇指、食指→看胸廓复原→感到病人口鼻部有气呼出→连续吹气2次，使病人肺部充分换气。

（3）判定心跳是否停止，摸病人的颈动脉有无搏动。脑外心脏按压：用一手的掌根按在病人胸骨中下 1/3 段交界处，另一手压在该手的手背上，双手手指均应翘起不能平压在胸壁；双肘关节伸直；利用体重和肩臂力量垂直向下挤压，使胸骨下陷 4 cm，略停顿后在原位放松，但手掌根不能离开胸壁定位点，连续进行 15 次心脏按压，再口对口吹气 2 次后按压心脏 15 次，如此反复。

（4）小儿检查。小儿按压可用单手指按压，新生儿可用两个指头按压。按压频率：成人 80～100 次/min；小儿 100 次/min；新生儿 120 次/min。按压深度：新生儿 2 cm；儿童 3 cm。

当 CPR 操作重复四轮后，需检查其效果，但暂停时间不宜超过 5 s。

（5）检查复苏是否有效。有效的表现为：颈动脉出现搏动，瞳孔由大缩小，紫绀减退，自主呼吸恢复，收缩压 60 mmHg（8 kPa）以上。

2. 脑复苏

心肺复苏后脑功能是否恢复是衡量复苏是否成功的关键。脑复苏是恢复呼吸、循环、代谢及内脏功能的根本条件，有报道CPR成功后20%～40%病人遗留永久性神经损害。鉴于脑保护和脑复苏的重要性，近年来对缺血性脑损伤的机理进行了大量的研究，脑是一个血流量大、代谢旺盛、需氧量大的器官，其能量几乎全靠葡萄糖的氧化代谢。若心脏骤停，脑完全缺血5 min后进行CPR重建循环，则由于Ca^{2+}内流及自由基形成过多等因素对脑的损害称为灌注性损害，Ca^{2+}进入细胞内造成血管平滑肌痉挛，另一方面激活胞浆内的磷脂酶A_2，使花生四烯酸释出，在酶作用下转化为血栓素（TXA_2），使血管收缩，血小板凝集，引起脑低灌注状态，进一步损害脑组织供血供氧。还有氧自由基形成过多的毒性作用也引起脑细胞的损害，最终可导致脑死亡。有人认为这一现象是为钙拮抗剂所阻滞。还有人发现CPR脑组织中低分子量结合铁和丙二醛均明显增加，脑内乳酸堆积等因素也与脑损害有关。脑缺血损伤的治疗包括：中度低温（头部温度降至28℃），一般持续3～5天可减少脑血流量，降低脑细胞代谢和ATP消耗，可用呼吸器加快呼吸频率使动脉血CO_2分压保持在25～30 mmHg，当其在100 mmHg以上，pH值在正常范围时，脑血管收缩颅内压降低；在心跳恢复和循环稳定后立即开始利尿脱水治疗，可用甘露醇小剂量多次应用，持续5～7天，维持血浆渗透压在280～330 mmol/L，维持平均动脉压90～100 mmHg，要防止突然发生高血压，血压过高可用硝普钠治疗，也要预防低血压可用多巴胺支持动脉压；使用ATP可提供脑细胞能量；糖皮质激素可减轻脑水肿和稳定溶酶体膜作用；高压氧治疗可能对促进脑功能恢复有益。

具体措施如下。

（1）降温：越早越好，在施行心脏挤压时即可进行，降温速度要快。可采用冰帽、冰袋进行头部降温和全身降温。降温的幅度要大，一般直肠温度降至30～32℃，则脑皮层温度可达27～28℃。降温的重点是头部，故多采用选择性头部降温。降温的同时可以应用冬眠合剂，以防发生寒战反应和抽搐，降温持续时间要够。由于脑水肿的高峰在缺氧损害后 48～72 h，因此至少需降温 3 天，缺氧严重者可延至 5 天，一般在 2～3 天后，其温度可维持在 33～34℃，以待脑水肿逐渐消退，至患者出现听觉、四肢协调活动等大脑皮层功能，即可停止降温，一般不需人工复温。

（2）脱水：能很快地减轻脑水肿的重要措施之一。首选药物是渗透性脱水利甘露醇，静脉注射 10 min 后即利尿，20 min 颅内压开始下降，于 2～3 h 降至最低水平，作用维持约 6 h，用量为 1～2 g/kg。临床上先给 20% 甘露醇 250 mL，快速静脉滴注，以后每隔 4～6 h 可再给半量或全量，也可与 50% 葡萄糖液 60～100 mL，速尿 20～40 mg 或利尿酸钠 25～50 mg 交替使用。

给脱水药要早，但应在基本补足血容量后，血压应当稳定维持在 80～90 mmHg 为宜。给药前先放置导尿管，以便随时观察尿量。

药物脱水和限制液体入量要结合应用，液体维持在负平衡为宜，可掌握在 24 小时的液体入量小于液体出量 500～1 000 mL。

（3）肾上腺皮质激素是脑复苏过程中的常用药。一般主张给药要早，用量要大。常用药为作用强而潴钠、潴水作用小的地塞米松，用量为 20～40 mg 静脉滴注，每日 2～4 次。如用氢化考的松，则每日量为 1 000 mg，分次静脉滴注。一般用药 3～5 天。

（4）促进脑细胞恢复的药物：常用的药物有 ATP、辅酶 A、细胞色素 c 以及维生素 B_1、维生素 B_2、维生素 C 等，可加入静脉输液中滴注。

五、化学烧伤急救

1. 烧伤的现场急救与处理

烧伤的急救是否及时，后送是否得当，对以后的治疗以及伤员的预后都有重要影响，尤其是成批收容时，要谨慎对待，不容忽视。

（1）烧伤的急救。急救的原则是迅速解除致伤原因，使伤员脱离现场并给予适当的治疗和做好转送前的准备工作。

1)"灭火"。一般而言,烧伤的面积越大,深度越深,则治疗越困难,预后越差。因此,急救的首要措施是"灭火",即去除致伤源,尽量"烧少点、烧浅点"。不少烧伤过程,例如火焰烧伤时的衣服着火、化学烧伤等,均有一定的致伤时间,且烧伤面积和深度往往与致伤时间成正比。因此,迅速进行有效的灭火是可以减轻伤情的。平时除加强烧伤防护措施外,还应大力开展互救自救的教育,熟练掌握各种制式灭火器材的使用,学会利用身边材料进行各类致伤原因的灭火方法,做到临危不乱,分秒必争。

①化学烧伤。化学致伤物质的种类甚多,化学烧伤的一般灭火和急救处理原则如下。

a. 所有化学烧伤时均应迅速脱去被化学物质浸渍的衣服。

b. 化学烧伤的严重程度除化学物质的性质和浓度外,多与接触时间有关。因此无论何种化学物质烧伤,均应立即用大量清洁水冲洗至少 20 min 以上,这一方面可冲淡和清除残留的化学物质,另一方面作为冷疗的一种方式,可减轻疼痛。注意开始用水量就应足够大,以迅速将残余化学物质从创面冲掉。

c. 一般现场无适合的中和剂,如果有,可考虑应用。但切不可因为等待获取中和剂,而耽误冲洗时间。应当注意的是,使用中和剂所发生的中和反应可产生热量,有时可加深烧伤,而且有些中和剂本身也有损害作用,因此最切合实际的方法是立即用大量清洁水冲洗。

d. 头面部烧伤时,应首先注意眼睛,尤其是角膜有无损伤,并优先予以冲洗。尤其是碱烧伤,能引起眼组织胶原酶的激活和释放,造成进行性损害。在应用大量清洁水冲洗的同时,如有条件,可使用胶原酶抑制剂或球结膜下注射自体血清。

②热力烧伤。包括火焰、蒸汽、高温液体(如沸水、沸油等)、高温金属等,为最常见的致伤原因。常用的灭火方法是:

a. 尽快脱去着火或沸液浸渍的衣服，特别是化纤面料的衣服，以免着火衣服或衣服上的热液继续作用，使创面加大加深。

b. 用水将火浇灭，或跳入附近水池、河沟内。

c. 迅速卧倒后，慢慢在地上滚动，压灭火焰。禁止伤员衣服着火时站立或奔跑呼叫，以防止增加头面部烧伤或吸入性损害。

d. 迅速离开密闭或通风不良的现场，以免发生吸入性损伤和窒息。

e. 用身边不易燃的材料，如毯子、雨衣（非塑料或油布）、大衣、棉被等，最好是阻燃材料，迅速覆盖着火处，使之与空气隔绝。

f. 凝固汽油弹爆炸、油点下落时，应迅速隐蔽或利用衣物等将身体遮盖，尤其是裸露部位。待油点落尽后，将着火衣物迅速解脱、抛弃，并迅速离开现场，不可用手扑打火焰，以免手烧伤（含磷可凝固汽油弹烧伤时，灭火方法同磷烧伤）。

g. 冷疗。热力烧伤后及时冷疗能防止热力继续作用于创面使其加深，并可减轻疼痛，减少渗出和水肿，因此如有条件，热力烧伤灭火应尽早进行冷疗，越早效果越好。方法是将烧伤创面在自来水龙头下淋洗或浸入冷水中（水温以伤员能耐受为准，一般为 15～20℃，热天可在水中加冰块），或用冷（冰）水浸湿的毛巾、沙垫等敷于创面。治疗的时间无明确限制，一般掌握到冷疗停止后不再有剧痛为止，多需 0.5～1 h。冷疗一般适用于中小面积烧伤，特别是四肢的烧伤。对于大面积烧伤，冷疗并非完全禁忌，但由于大面积烧伤采用冷水浸浴，伤员多不能耐受，特别是寒冷季节。为了减轻寒冷的刺激，如无禁忌，可适当应用镇静剂，如吗啡、杜冷丁等。

③电烧伤。电弧或衣服着火引起的烧伤灭火方法同一般火焰烧伤。一般所指的电烧伤是电接触烧伤，即电流直接通过身体引起的烧伤。这种烧伤不仅程度深，而且有时可使大块组织或肢体炭化，甚至立即危及伤员生命。急救时，应立即切断电源，拉开电闸或用不导电的物品（木棒或竹器等）拨开电源，并扑灭着火的衣服。在

未切断电源之前，急救者切记不要接触伤员，以免自身触电。灭火后，如发现伤员呼吸心跳停止，应在现场立即进行体外心脏按压和口对口人工呼吸抢救，待心跳和呼吸恢复后，及时转送就近医院进一步处理；或在继续进行心肺复苏的同时，将伤员迅速转送至最近的医疗单位进行处理。

2）灭火后的处理。灭火后的急救处理，依烧伤面积大小、严重程度、有无复合伤及中毒而异。一般应按下列顺序处理。

①检查。首先检查可立即危及伤员生命的一些情况，如有大出血、窒息、开放性气胸、严重中毒等，应迅速进行处理与抢救。不论任何原因引起心脏停搏、呼吸停止的病人，都应就地立即行胸外心脏按压和人工呼吸的同时，将病人撤离现场（主要是脱离缺氧环境），待复苏后进行后送；或转送到就近医疗单位进行处理。

②脱离现场。一般伤员经灭火后，迅速脱离现场至安全地带或就近的医疗单位。

③判断伤情。初步估计烧伤面积和深度，判断伤情，有无吸入性损伤、复合伤或中毒等。

④镇静止痛。烧伤后，病人有不同程度的疼痛和烦躁，应予以镇静止痛。对轻度烧伤，可口服止痛片或肌肉注射杜冷丁。对大面积烧伤，由于外周循环较差和组织水肿，肌肉注射往往不易吸收，可将杜冷丁稀释后由静脉缓慢控制注射，一般与非那根合用。但对年老体弱、婴幼儿、合并吸入性损伤或颅脑损伤者应慎用或尽量不用杜冷丁或吗啡，以免抑制呼吸，可改用鲁米那或非那根。切忌大量长期使用镇静止痛药物，以免引起呼吸抑制。

⑤保持呼吸道通畅。对因吸入性损伤或面部烧伤发生呼吸困难者，根据情况用气管插管或切开气管，并予以吸氧。如有一氧化碳中毒征象，短时间内给予高浓度氧气吸入。

⑥创面处理。灭火后，即应开始注意防止创面污染，可用烧伤制式敷料或其他急救包、三角巾等进行包扎，或用身边材料如清洁

的被单、衣服等加以简单保护，以免再污染。同时也使创面在搬运过程中得到保护，防止再损伤。急救包扎时，已肯定灭火的衣服可不脱掉，可减少污染。若为化学烧伤，则所浸湿的衣服必须脱掉。寒冷季节还应注意保暖。

⑦复合伤的处理。如有骨折应进行固定；颅骨、胸腹等严重创伤在积极进行抢救的同时，应优先送至邻近医疗单位处理；一般创伤进行包扎。

⑧补液治疗。由于急救现场不具备输液条件，伤员一般可口服适当烧伤饮料（每片含氯化钠 0.3 g，碳酸氢钠 0.15 g，苯巴比妥 0.03 g），糖适量，每服一片，服开水 100 mL，或含盐的饮料，如加盐的热茶、米汤、豆浆等。但不宜单纯大量喝开水，以免发生水中毒。狗的实验研究证明，30%浅Ⅱ度烧伤早期口服烧伤饮料，伤后并经颠簸（模拟后送情况）；实验狗均未发生休克。临床上，也发现浅Ⅱ度烧伤面积的青壮年经早期口服补液，大都不发生休克。然而对严重烧伤，浅Ⅱ度烧伤面积超过1%的小儿或老人，已有休克征象或胃肠道功能紊乱（腹胀、呕吐等）的伤员，如条件允许，应进行静脉补液（等渗盐水、5%葡萄糖盐水、平衡盐溶液、右旋糖酐和/或血浆等）。

⑨应用抗生素。对大面积烧伤伤员应尽早口服或（肌）注射广谱抗生素。

⑩及时记录及填写医疗表格，以供后续治疗参考。

3）急救注意事项：

①现场抢救，特别是成批烧伤病人的现场抢救是一项紧张的工作，救治人员必须沉着、冷静，有组织地协调工作，不可忙乱。

②衣服着火时，要制止伤员奔跑呼叫，以免助燃和吸入火焰，并使伤员迅速离开密闭和通气不良的现场，防止吸入烟雾和高热空气引起吸入性损伤。

③化学烧伤时，往往同时有热力烧伤和中毒，抢救人员应全面

考虑和处理。务必弄清化学物质的性质。冲洗时水要多，时间要够长，力求彻底。如疑有全身中毒的可能性，应及早处理。

④灭火时，力求迅速，尽可能利用身边的材料或工具。一般不用污水或泥沙灭火，以减少创面污染，但若确无其他可利用材料时，也可应用污水或泥沙，不要因此而使烧伤加深，面积加大。

⑤已灭火而未脱去的燃烧过的衣服，特别是棉衣或毛衣，务必仔细检查是否仍有余烬未灭，以免再次烧伤，或使烧伤加深加重，特别是对神志不清或昏迷的伤员。

⑥对有吸入性损伤的伤员，应密切观察，并迅速后送至附近医疗单位进一步处理。

⑦除很小面积的浅度烧伤外，创面不要涂有颜色的药物或用油脂敷料，以免影响进一步创面深度估计与处理（清创等）。一般可用消毒敷料包扎或清洁被单等包裹以保护创面。水疱不要弄破，也不要将腐皮撕去，以减小创面污染的机会。

⑧要重视记录和各种医疗表格的填写。除记录烧伤面积、深度、复合伤、中毒等外，应将灭火方法、现场急救及治疗措施注明，并作初步的伤情分类，特别是成批烧伤时，应分清轻、重、缓、急，便于后送及进一步治疗参考。

（2）现场处理。无论平时或战时，在现场抢救之后，均需先将伤员迅速移至就近的医疗单位进行初步处理，然后依情况进一步处理。严重烧伤伤员休克发病率高，如后送不当就会加重休克或加速休克的发生和发展，以及并发症的发生，甚至导致死亡。因此，就某一具体伤员而言，该不该后送，后送时机和后送工具的选择，以及后送途中应注意什么问题，都必须周密计划。既要考虑当时的人力和物力条件，更需考虑伤员的具体情况。现就下列几个问题，加以阐述。

1）就地治疗。严重烧伤伤员经长途转运，颠簸与反复搬动，再加之途中治疗不及时等原因，休克多明显增重，创面感染也显著加重，有的伤员甚至在后送途中死亡。即使到达目的地以后经积极抢救，有的也难以从严重休克中抢救过来；或虽勉强度过休克，但由于机体缺血缺氧时间较长和抵抗力已严重低下，常常接踵而至的是暴发全身性感染或发生严重内脏并发症甚至器官功能衰竭，致处理困难，病死率很高。如有可能，应尽量创造条件，就地（指现场邻近医疗单位）进行早期治疗。

开展就地治疗应注意下列事项。

①应有领导、有组织地进行，领导、医务人员、群众三结合。各有关部门相互配合协作。充分利用一切可利用的条件。参加抢救的人员要勇挑重担，全心全意地为伤员服务。

②克服一切困难，因陋就简，因地制宜，积极创造条件抢救伤员。如无菌隔离、保温等，均可就地取材，依靠群众智慧来解决。

③成批收容时，应周密组织，防止忙乱。既要有分工，又要合作。

④设有烧伤病房或设有烧伤防治研究任务的医院或医疗机构，平时应有所准备，以便随时可以出动，以协助兄弟单位开展就地治疗。

a. 人员准备。根据医院的大小与技术力量，可将专业人员分成若干抢救小组，一般一个小组包括医生1名，护士2～3名，各小组轮流值班。接到外出抢救任务后，可立即奔赴出事地点，协助抢救。出发人数可根据伤情及伤员人数增减。

b. 物质准备。包括急救包和急救箱两种。每一个急救包可供一名严重烧伤伤员急救用（见表6—7）。背包式急救包便于携带。急救箱的内容基本上与急救包相同，只是扩大5倍，可供5～6名烧伤伤员急救用。此外，另加简易输血器材一套，气管切开（或插管）包一个，消毒煮锅一具，50 mL空针一副，尿比重计及石蕊试纸。携带物的多少可根据现场急救人员及物质条件而定。如该地有医疗机构，则主要是技术力量的支援，所需急救和治疗物质可由当地医院解决。

表6—7　　　　　　　　烧伤急救包内容（供参考）

编号	内容
1	吗啡1支，杜冷丁1支，非那根2支
2	输液器材：静脉切开包，静脉输液装置，右旋糖酐、5％葡萄糖盐水、5％葡萄糖液各1 000 mL，5％碳酸氢钠250 mL，20％甘露醇250 mL
3	烧伤饮料片5～10片
4	烧伤敷料6～8块
5	2 mL及5 mL注射器2副，20 mL注射器1副
6	头孢氨苄0.25×24片
7	简易导尿包（消毒）
8	碘酒、酒精
9	消毒换药器械1副
10	棉签
11	新洁尔灭1瓶
12	消毒橡皮手套或布手套1副
13	去甲肾上腺素及肾上腺素各2支

c. 思想准备。值班的外出抢救人员，必须做好思想准备，一有任务，能立即出发。

2）后送。如果因为种种原因不能就地开展治疗时，则应做好后送的准备。后送时对严重烧伤伤员影响较大，为了尽可能地减少伤员在后送途中可能增加的损害或负担，应针对后送途中可能发生的情况与意外，周密计划，加以预防。

①烧伤伤员在什么时机后送对伤员影响最小，与烧伤严重程度、致伤原因、伤员的情况、后送工具、途中条件（如能否进行必要的治疗）和后送距离等有关，而最重要的是伤员的情况，烧伤越严重，休克发生越早。有的在伤后1～2 h即可发生严重休克。因此对每一位烧伤伤员，最合适的后送时机应依其具体情况而定。

②后送前的处理。后送前的处理是否恰当，对休克的发生和发

展及对后送途中是否能平稳过渡均有明显影响。后送过程中影响休克发生的因素较多。后送前得到输液、镇痛和创面保护者，休克的发生率较未进行上述处理者低得多，由此可看出进行后送前的处理是必要的。因此，后送前应做好各种准备和处理，并估计途中可能发生的情况或意外，事先加以预防，并保证后送途中的安全与平稳。

安全转送严重烧伤伤员的一些必要准备和要求见表6—8。

表6—8　　　　烧伤伤员安全转送的必要准备和要求

1. 保持通畅的静脉通道
2. 保持气道通畅
3. 放置胃管减压
4. 放置导尿管、记录尿量
5. 注射抗生素
6. 包扎创面，以保暖、舒适，并防止污染和再损伤
7. 处理复合伤、镇痛、镇静
8. 途中必需的药品和器材
9. 选派专业人员护送
10. 整理好医疗文件随伤员后送

3）后送途中注意事项：

①选择合适的后送工具。后送工具应满足以下基本要求。

a. 速度快、颠簸少、平稳，备有能在行进途中治疗或紧急处理的设施。当然必须在客观条件允许的前提下，结合伤员人数和实际情况全面考虑。尤其是在战时或成批收容时，更应考虑具体情况。选择后送工具主要针对重度烧伤伤员，因为轻度烧伤伤员即使后送时间长一点，稍受颠簸，可能发生休克的机会也较小。飞机、轮船、火车、汽车均为常用运输工具，以飞机最为理想，其次为火车（卫生列车）、轮船，较平稳且空间较大，人员物品配备易于齐全，利于途中急救治疗。转运途中伤员应横置，特别是普通飞机转运。如因机舱狭窄不能横放，则起飞时应取足朝机头位，否则起飞时惯性将使血液涌向足部造成体位性休克或急性脑缺血，甚至突然死亡。飞

机降落时，伤员应调换成头朝机头位。直升机则无此虑。一般后送距离在 50 km 以内者，没有必要使用飞机转运；50～250 km 者可采用直升机转运；250 km 以上者可采用速度较快的飞机。其他运输工具如担架、手推车等，无论平时还是战时，都易于组织使用，不受地理、交通条件的限制，平稳且可随时停留进行紧急处理。

b. 保证"颠簸少"的前提下，争取快送。实践证明，途中被颠簸者的休克发生率与严重程度，远较未经颠簸者严重，特别是有晕动症者。因此有时在速度上应适当放慢，以减少颠簸，尤其是汽车。如果遇有道路不平，为了减少颠簸，除减慢速度外，如果车为空载，可适当增装重物（如无重物，砂石亦可）。

②注意冬季防寒，夏季防暑，还应注意防尘。暴露部位的创面，还要注意防蚊蝇和灰尘。

③途中要有良好的镇痛、镇静药物和采取相应的措施，但应注意防止过量。有晕动症者，后送前应服用药物预防。后送前已用镇痛药物的伤员，如在短时间内发生烦躁不安，应寻找原因，一般多是休克的表现，也可由于呼吸道梗阻或脑水肿等所致，应注意检查，及时予以相应处理。

④在途中，一般伤员可小量多次口服烧伤饮料或其他食盐饮料或汤汁等。一次量不宜过多，以免发生呕吐、腹胀，甚至急性胃扩张。如果饮用开水过多，还有可能发生水中毒，应注意防止。有下列情况之一者，应考虑途中输液：重度烧伤伤员，不论有无休克征象；已出现休克征象的伤员；有明显消化道功能紊乱如反复呕吐、腹胀等，不能继续口服补液者。途中输液可采用塑料袋输液装置。塑料袋可放在伤员身体的下面，借助身体重量压迫，将液体注入静脉内。此法较为简便，也不容易污染，液体输完后自行停止，不致有发生空气栓塞之虑，但其输入速度不易控制，也不便观察。如无塑料袋输液装置，也可采用其他输液装置，如一次性输液管。为防止途中的晃动致滴管内充满液体，妨碍液体平面与滴数的观察，简

单的预防方法是将滴管上方的输液管转一圈。途中输液容易滑脱，应注意将输液曲肢体、导管、接头、胶管等妥为固定，并密切观察。

⑤后运途中应注意呼吸道通畅，必要时切开气管（或插管）和给氧。如条件不允许进行气管切开或插管，紧急情况下可采用环甲筋膜切开或插管的方法。已有气管切开或插管者，注意及时吸痰，保持气道通畅，并将套管妥为固定。

⑥有复合伤或中毒的伤员，应注意全身情况及局部和伤肢包扎固定、有无出血等情况。上有止血带的伤员，要按时进行松解和处理。随时注意保护好创面。

⑦留置导尿管的伤员，应按时观察尿量及尿道是否通畅。尿管应妥为固定，以防滑脱。

2. 化学烧伤

化学烧伤的致伤因子与皮肤的接触时间往往较热烧伤的长，因此某些化学烧伤可以是很深的进行性的损害，甚至通过创面等途径吸收，导致全身各脏器的损害。

局部损害的情况与化学物质的种类、浓度以及与皮肤接触的时间均有关系。化学物质的性能不同，局部损害的方式也不同，例如，酸凝固组织蛋白；碱则皂化脂肪组织；有的则毁坏组织的胶体状态，使细胞脱水或与组织蛋白结合；有的则因本身的燃烧而引起烧伤，如磷烧伤；有的本身对健康皮肤并不致伤，但由于大爆炸燃烧致皮肤烧伤，并进而引起毒物从创面吸收，加深局部的损害或引起中毒等。局部损害中，除皮肤损害外，黏膜受伤的机会也较多，尤其是某些化学蒸汽或发生爆炸燃烧时更为多见。因此，化学烧伤中眼及呼吸道的烧伤较一般火馅烧伤更为常见。

化学烧伤的严重程度，除与浓度及作用时间有关外，更重要的是取决于该化学物质的性质。例如一般酸烧伤，由于组织蛋白凝固后局部形成一种痂壳，可以防止酸的继续损害。而有的化学烧伤则有继续加深的过程，例如碱烧伤后所形成的皂化脂肪或可活性的碱性蛋白，磷烧伤后所形成的醋酸等，都可继续使组织破坏加深。对这些致伤机理的了解，有助于化学烧伤的局部处理。

化学烧伤的严重性不仅在于局部损害，更严重的是有些化学药物可以从创面、正常皮肤、呼吸道、消化道黏膜等吸收，引起中毒和内脏继发性损伤，甚至死亡。有的烧伤并不太严重，但由于合并有化学中毒，增加了救治的困难，使治愈率比同面积与深度的一般烧伤明显降低。更由于化学工业迅速发展，能致伤的化学物品种类繁多，有时对某些致伤物品的性能一时不易了解，更增加了抢救困难。

虽然化学致伤物质的性能各不相同，全身各重要内脏器官都有被损伤的可能，但多数化学物质是经由肝、肾而排出体外，故此两器官的损害较多见，病理改变的范围也较广，常见的有中毒性肝炎、局灶性肝出血坏死、急性肾功能不全、肾小管肾炎等，肺水肿也常见。除了由于化学蒸汽直接对呼吸道黏膜的刺激与呼吸道烧伤所致外，不少挥发性化学物质由呼吸道吸入，可刺激肺泡引起肺水肿。此外，还有些化学物质如苯等可直接破坏红细胞，造成大量溶血，不仅使伤员贫血，携氧功能发生严重障碍，而且增加肝、肾功能的负担与损害、有的则与血红蛋白结合成异性血红蛋白，发生严重缺氧，有的则可引起中毒性脑病、脑水肿、周围或中枢神经损害、骨髓抑制、心脏毒害、消化道溃疡、大出血等。

（1）一般处理原则。化学烧伤的处理原则同一般烧伤。应迅速脱离现场，终止化学物质对机体的继续损害；采取有效解毒措施，防止中毒，进行全面体检和化学监测。

1）脱离现场。终止化学物质对机体的继续损害，应立即脱离现场，脱去被化学物质浸渍的衣服，并立即迅速地用大量清水冲洗。其目的一是稀释，二是机械冲洗，将化学物质从创面和黏膜上冲洗干净。冲洗时可能产生一定热量，但继续冲洗可使热量逐步消散。冲洗用水要多，时间要够长。一般清水（自来水、井水、河水等）

均可使用。冲洗持续时间一般要求在 2 h 以上，尤其在碱烧伤时，冲洗时间过短很难奏效。如果同时有火焰烧伤，那么冲洗尚有冷疗的作用。当然有些化学致伤物质并不溶于水，但冲洗的机械作用可将其自创面清除干净。

头、面部烧伤时，要注意眼、鼻、耳、口腔内的清洗；特别是眼，应首先冲洗，动作要轻柔，如有条件可用等渗盐水冲洗，否则一般清水亦可，如发现眼睑痉挛、流泪、结膜充血、角膜及前房混浊等，应立即用生理盐水或蒸馏水冲洗，再用2%荧光素染色检查角膜损伤情况，轻者呈黄绿色，重者呈瓷白色。为防止虹膜睫状体炎，可滴入 1%阿托品液扩瞳，每日 3～4 次，用 0.25%氯霉素液，1%庆大霉素液或 1%多粘菌素液滴眼，以及涂 0.5%红霉素眼膏等以预防继发感染。还可用醋酸可的松眼膏以减轻眼部炎症反应。局部不必用眼罩或纱布包扎，但应用单层油纱布覆盖以保护裸露的角膜，防止污染所致损害。

石灰烧伤时，在清洗前应将石灰去除，以免遇水后石灰产热，加深创面损害。

有些化学物质则要按其理化特性分别处理。大量流动水的持续冲洗，比单纯用中和剂拮抗的效果更好。用中和剂的时间不宜过长，一般 20 min 即可，中和处理后仍须再用清水冲洗，以避免因为中和反应产热而给机体带来进一步的损伤。

2）防治中毒。有些化学物质可引起全身中毒，应严密观察病情变化，一旦诊断有化学中毒可能时，应根据致伤因素的性质和病理损害的特点，选用相应的解毒剂或对抗剂治疗，有些毒物迄今尚无特效解毒药物。在发生中毒时，应使毒物尽快排出体外，以减少其危害。一般可静脉补液及给予利尿剂，以加速排尿。苯胺或硝基苯中毒所引起的严重高铁血红蛋白症，除给氧外，可酌情注入适量新鲜全血，以改善缺氧状态。

除上述处理外，并要维持人体重要脏器的功能，尤其是肺、心和肾的功能，防止多脏器衰竭。

（2）常见的化学烧伤及急救措施见表6—9、表6—10。

表 6—9　　　　　　　　化学烧伤局部的急救措施

化学物质	局部特点	中毒机理	清洗剂	中和剂
常见酸				
硫酸	黑色或棕褐色干痂	蒸气	水与肥皂	氢氧化镁或硫酸氢钠溶液
硝酸	黄色、褐色或黑色干痂			
盐酸	黄褐色或白色干痂			
三氯醋酸	灰色干痂			
氢氟酸	红斑伴中心坏死	无	水	皮下或动脉内注射10%葡萄糖酸钙
草酸	呈白色无痛性溃疡	仅食入	水	10%葡萄糖酸钙
碳酸	白色或褐色干痂、无痛	皮肤吸收	水	10%乙烯酒精或甘油
铬酸	溃疡、水泡	蒸气	水	亚销酸钠
次氯酸	Ⅱ度烧伤	无	水	1%硫代硫酸钠
其他酸				
钨酸、苦味酸、鞣酸甲酚、甲酸	硬痂	皮肤吸收	水	油质覆盖
氢氰酸	斑丘疹、疱疹	食入、皮肤吸收蒸气		0.1过锰酸钾冲洗5%硫化铵湿敷

化学物质	局部特点	中毒机理	清洗剂	中和剂
碱	大疱性红斑或黏湿焦痂	仅食入	水	弱醋酸（0.5%～5%）柠檬汁
氢氧化钾、氢氧化钠、氢氧化钙、氢氧化钡、氢氧化锂				
氨水	大疱性红斑或黏湿焦痂	蒸气	水	弱醋酸（0.5%～5%）柠檬汁
生石灰	大疱性红斑或黏湿焦痂	无	先刷去石灰再用水	弱醋酸（0.5%～5%）柠檬汁
烷基汞盐	红斑、水疱	由水疱吸收	水及去除水疱	无
金属钠	剧毒性深度烧伤	无	油质覆盖	无
对硝基氯苯	水疱、蓝绿色渗出物、化学结晶粘附	呼吸道及皮肤吸收	水	10%酒精、5%醋酸、1%亚甲蓝
腐烂性物质				
芥子气	剧毒性大疱	蒸气	水、冲洗后开放水疱	二硫基甲醇（BAL）
催泪剂	红斑、溃疡	蒸气	水	无
无机磷	红斑、Ⅲ度烧伤	组织吸收	水、冷水包裹	为了识别可用2%硫酸铜或3%硝酸银
环氧乙烷	大水疱	组织吸收	水	无

表 6—10　烧伤时常见的几种化学中毒的症状与急救措施

化学物质	主要损害
苯	主要损害中枢神经系统 轻者：呈兴奋状态、面色潮红、眩晕、头痛 重者：中毒性脑病、昏迷、呼吸困难、抽搐、腹胀、血压下降，血小板及嗜中性粒细胞减少，最后呼吸肌麻痹
苯胺，硝基苯类	损害神经系统；形成变性血红蛋白，溶血，损害肝；某些化合物引起肾损害；视神经变性及白内障
有机磷	临床上表现紫绀、头痛、耳鸣、手指麻木、乏力，进而出现心悸、呼吸增快、抽搐、昏迷，休克；重者在 2～3 天出现黄疸，肝大，转氨酶升高，贫血加重 羟基酯酶（包括乙酰胆碱酯酶和丁酰胆碱酯酶）的强抑制剂。主要表现神经系统和胃肠道症状。潜伏期多为 30 min～12 h
汽油	轻者：头晕、头痛、恶心呕吐、无力、视力模糊、流涎、震颤、胸闷、精神恍惚 重者：青紫、肺水肿、抽搐、大小便失禁、昏迷、呼吸麻痹 轻者：头痛、头晕、恶心呕吐、心悸、乏力 重者：昏迷、抽搐、精神失常、呼吸麻痹、支气管肺炎
铬及其化合物	吸入时有上呼吸道黏膜刺激症状或过敏性哮喘；可引起急性肠胃炎，中毒性肝炎，肾小管肾炎等
沥青（媒焦沥青）	有光感作用、变态反应和刺激作用。皮炎复发。流泪、羞明、异物感、头晕头痛、乏力、耳鸣、心悸咳嗽、胸闷、腹胀，甚至昏迷死亡

化学物质	特殊检查	急救措施
苯	尿酚类产物增高，尿葡萄糖醛酸酸增加，尿无机硫酸盐比值 $<70\%$	脱离现场；给氧或人工呼吸；肝泰乐：100 mg，肌肉注射，2 次/日；葡萄糖及维生素静注；需要时给予中枢兴奋剂；抽搐时给予镇静剂

化学物质	特殊检查	急救措施
苯胺，硝基苯类	高铁血红蛋白测定；尿中对氨基酚测定	移至新鲜空气处；清洗伤口；给氧；输注葡萄糖和维生素；保肝疗法；紫绀明显静脉注射1%亚甲蓝（1～2 mg/kg），宜慢，不少于5 min，必要时重复；给予能量合剂；输新鲜血
有机磷汽油	血清胆碱酯酶的活力测定（降至正常人80%以下）；尿内三氯乙醇及对位硝基酚或对位氨基酚测定	清除毒物（水，2%～5%碳酸氢钠） 轻症：阿托品1 mg皮下注射，30～60 min重复；解磷定0.4～0.6 g，10～20 mL糖水，静脉注射（10 min） 中度：阿托品1～3 mg，皮下或静脉注射，15～30 min重复；静脉注射解磷定0.8～1.2 g，以后每小时一次，0.4 g共6 h 中毒：阿托品2～4 mg，静脉注射，以后5～15 min 2 mg，瞳孔扩大30 min一次，每次0.5～2 mg，维持8～24 h；静脉注射解磷定1～1.2 g，1～2 h一次，重复2～4次；对症（补液、止痛、脱水）；必要时给予兴奋剂 移出现场，呼吸困难时给吸入含5%～7%二氧化碳的氧；呼吸兴奋剂与强心剂；用抗生素
铬及其化合物沥青（媒焦沥青）	尿铬阳性	吸氧，肌肉注射BAL，静脉注射硫代硫酸钠对症处理：内服抗组织胺药物，静脉注射钙剂或硫代硫酸钠，口服氯喹

1）酸烧伤。酸烧伤的种类甚多。能造成烧伤的酸主要是强酸，如硫酸、硝酸和盐酸等无机酸，其他还有三氯醋酸、石碳酸、铬酸、氯磺酸、氢氟酸等。在酸烧伤中，重点讨论强酸烧伤和氢氟酸烧伤。

①强酸烧伤。高浓度酸能使皮肤角质层蛋白质凝固坏死，呈界限明显的皮肤烧伤，并可引起局部疼痛性凝固性坏死。各种不同的酸烧伤，其皮肤产生的颜色变化也不同，此外，颜色的改变还与酸烧伤的深浅有关，潮红色最浅，灰色、棕黄色或黑色则较深。

痂皮的柔软度也为判断酸烧伤深浅的方法之一。浅度者较软，深度者较韧，往往为斑纹样、皮革样痂皮，但有时在早期较软，以后转韧。一般来说，痂皮色深、较韧、如皮革样，脱水明显而内陷者，多为Ⅲ度。此外，由于酸烧伤后形成薄膜，末梢神经得以保护，故疼痛一般较轻。当然，这与酸的性质及早期清洗是否彻底也有关。如果疼痛较明显，则多表示酸在继续侵蚀，一般也表示烧伤较深。酸烧伤创面肿胀较轻，很少有水泡，创面渗液极少，因此，不能以有无水泡作为判断烧伤深度的标准。

由于酸烧伤后迅速形成一层薄膜，创面干燥，痂下很少有感染，自然脱痂时间长，有时可达1个月以上，脱痂后创面愈合较慢。

浓硫酸有吸水的特性，含有三氧化硫，在空气中形成烟雾，吸入后刺激上呼吸道，最小口服致死量为4 mL。浓硝酸与空气接触后产生刺激性的二氧化氮，吸入肺内与水接触而形成硝酸和亚硝酸，易致肺水肿。盐酸可呈氯化氢气态，引起气管支气管炎、脸痉挛和角膜溃疡。

氯磺酸退水后可分解为硫酸和盐酸，比一般酸烧伤更为严重，常为Ⅲ度烧伤，必须予以重视。

酸烧伤后立即用水冲洗是最为重要的急救措施，冲洗后一般不需用中和剂，必要时可用2%~5%的碳酸氢钠、2.5%的氢氧化镁或肥皂水处理创面。中和后，仍用大量清水冲洗，以去除剩余的中和溶液、中和过程中产生的热及中和后的产物。

创面处理同一般烧伤。由于酸烧伤后形成的痂皮完整，宜采用暴露疗法。如确定为Ⅲ度，也应争取早期切痂植皮。

口服腐蚀性酸可引起上消化道烧伤、喉部水肿及呼吸困难，可口服氢氧化铝凝胶，鸡蛋清和牛奶等中和剂。忌用碳酸氢钠，以防胃胀气，引起穿孔。禁用胃管洗胃或用催吐剂。可口服强的松，以减少纤维化，预防消化道疤痕狭窄。

②氢氟酸烧伤。氢氟酸是一种无机酸，具有强烈腐蚀性，它可以引起特殊的生物性损伤。作为一种清洗剂，它已被广泛应用于高

级辛烷燃烧、制冷剂、半导体制造、玻璃磨砂、石刻等工业领域。在国外，有些家庭也用此作为除锈剂。因此，在工业化城市的急诊室或职业病治疗中心，经常可见到应用氢氟酸而引起的损伤。

氢氟酸是氯化氢与高品位氟矿石反应产生的氟化氢气体，该气体冷却液化即成氢氟酸。40%～48%的氢氟酸溶液即可产生烟雾。它的离解力比盐酸低100倍。它又是一种高溶性的溶质，其渗透系数与水相近。通过氟化氢分子扩散可实现氟离子的跨膜转运。主要出现低钙、高钾和低钠血症。

a. 氢氟酸损伤机理及其特点：与常用的盐酸或硫酸不同，氢氟酸生物学作用包括两个阶段，首先与其他无机酸一样作为一种腐蚀剂作用于表面组织，其次，由于氟离子具有强大的渗液力，因此可引起组织骨化坏死、骨质脱钙和深部组织迟发性剧痛。

氢氟酸烧伤的机理主要有：初始的脱水作用；由于低pH值引起的损伤；氟离子的结合作用。氢氟酸烧伤引起组织剧烈疼痛。当氟化物穿透皮肤及皮下组织时可以引起组织液化坏死以及伤部骨组织的脱钙作用。氢氟酸可以迅速穿透到甲床、基质和指骨，引起指（趾）甲下组织破坏。氟离子通过皮肤，呼吸道或胃肠道吸收后，分布在组织器官和体液内，从而抑制多种酶的活力。氟离子与钙离子结合形成不溶性的氟化钙，使血浆钙浓度降低，严重时可引起致命的低钙血症。值得指出的是，氢氟酸损伤作用是进行性的，如不及时治疗，烧伤面积和深度将不断发展，必须引起足够重视。

b. 临床表现：氢氟酸引起皮肤烧伤的程度与氢氟酸浓度和作用时间有关。浓度<20%时损伤较轻，皮肤不失活力，外表正常或呈红色；浓度>20%时则表现有红、肿、热和痛，并逐渐发展成白色的质稍硬的水泡，水泡中充满脓性或干酪样物质。如果不及时治疗，那么烧伤面积深度可以不断发展。痛出现的时间与浓度有关，一般在伤后1～8 h出现疼痛，而浓度>50%时，通常可立即引起疼痛和组织坏死。氢氟酸烧伤的疼痛除了有迟发性特点外，还有顽固性和剧烈性的特点，这种疼痛有时用麻药也不能缓解。概括起来讲，氢氟酸烧伤的创面有以下四个特点：一是迟发性深部组织剧痛；二是烧伤区皮肤凝固变性，质地变厚；三是如果不及时治疗可出现进行性组织损伤甚至腐蚀到骨组织；四是可能引起指（趾）甲下损伤。

严重氢氟酸烧伤可引起氟离子全身性中毒，导致致命的低钙血症。下列情况可能引起低钙血症应引起足够的重视：浓度＞50%，烧伤面积≥1%者；任何浓度的氢氟酸烧伤，烧伤面积＞5%者；吸入浓度在60%以上的氢氟酸烟雾者。必须注意低钙血症可以在伤后很快发生。氟化物神经中毒的临床表现有手足抽搐、心律失常、嗜睡、呕吐、腹泻、流涎、出汗以及因多种酶活力下降所引起的低钙血症。心电图表现主要为 Q—T 间期延长。上述表现主要由低钙血症所致。低钙血症是氟化物中毒的主要死亡原因。

氢氟酸引起的吸入损伤和烧伤，除了具有一般原因引起烧伤特点外，还具有氢氟酸烧伤的特征，临床上必须加以重视。

③石碳酸烧伤。石碳酸是医学、农业和塑料工业中常用的化学剂。石碳酸烧伤也时有发生。石碳酸溶于酒精、甘油、植物油和脂肪。成人的半致死量为 8～15 g。

石碳酸自皮肤吸收后，引起脂肪溶解和蛋白凝固。石碳酸的杀菌也正是通过使细菌的细胞壁凝固，进而使细胞内酶系统失活而发挥作用的。

石碳酸从皮肤或胃肠道黏膜吸收。局部的吸收率与接触面积和时间成正比。石碳酸蒸气可很快从肺吸收到循环中，其吸收率与蒸气的浓度和呼吸的频率有关。浓石碳酸可产生较厚的凝固坏死层，形成无血管屏障，这可以阻止石碳酸的进一步吸收。石碳酸吸入血后，进而影响中枢神经系统、肝、肾、心、肺和红细胞的功能。

a. 石碳酸中毒的表现：

局部表现。10%的石碳酸溶液可使皮肤呈白色或腐蚀，浓度越高坏死越严重。经常接触石碳酸复合物的工人，由于皮肤的色素细胞受损，往往发生皮肤白斑，停止接触后白斑仍会进行性发展。局部皮肤可失去痛觉。

全身表现如下。

中枢神经系统：开始易激惹，各种反射亢进，震颤、抽搐和肌痉挛。痉挛发生频繁，最后转入抑制，常因呼吸衰竭而死亡。周围神经系统主要表现为神经纤维末梢的破坏，痛觉、触觉和温觉丧失。

心血管系统：血压开始上升，随后下降，心率早期增快，后期较慢和心律不齐。这些变化可能与中枢血管运动调节功能受损有关，血管收缩张力趋向消失。或许不对心肌直接作用，心排出量受影响。

红细胞：中毒后可出现正铁血红蛋白和 Heinz 小体，此外，还有红细胞内谷胱甘肽含量下降，溶血，骨髓生成红细胞抑制。末梢血中网织红细胞含量下降。

肾脏：排泌的游离石炭酸，可引起肾小球和肾小管的损害，低血容量和溶血又可加重肾脏的损害，甚至阻塞肾小管，最终导致急性肾衰竭。

肝脏：常见的损害是肝小叶中心坏死、血清胆红素上升。

b. 处理：在烧伤现场，立即用大量水冲洗，小量水仅能稀释或扩散有毒物质，增加危险。若备有 50%聚乙烯二醇、丙烯乙二醇、甘油、植物油或肥皂，则可用水冲洗后，选用它们来擦拭创面，阻止毒物扩散。入院后可继续使用丙烯乙二醇及苯冲洗，直至创面完全没有酸味。聚乙烯二醇不能用水或酒精稀释，否则将促使皮肤吸收石炭酸。需与工业用甲基酒精，配制成 2：1 的液体，对皮肤、黏膜、结膜和角膜均无刺激性。石炭酸烧伤后，全身治疗时要注意，适当增加补液量和碱性药物；严密监护心、肺功能；注意补充钾；若有石炭酸蒸气吸入，为防化学性肺炎，可静脉注射甲基强的松龙；中枢神经系统抑制者，宜行机械通气。

④铬酸烧伤。铬酸及铬酸盐用途较广，在工业上用于制革、塑料、橡胶、纺织、印染、电镀等。铬酸盐腐蚀性和毒性大，往往合

并铬中毒。中等面积烧伤死亡率也很高。金属铬本身无毒。其化合价有 2 价、3 价、6 价三种。6 价铬化合物毒性最大。铬酸、铬酸盐及重铬酸盐 1～2 g 即可引起深部腐蚀烧伤达骨骼，6 g 为致死量。

a. 临床表现；铬酸烧伤往往同时合并火焰或热烧伤，如不注意往往被忽略。烧伤后皮肤表面为黄色。由于铬酸有腐蚀作用，因此早期症状是创面疼痛难忍，不同于一般深度烧伤。当发现有溃疡时，则已很深。溃疡外口小，内腔大，可深及肌肉及骨骼，愈合甚慢。口鼻黏膜也可形成溃疡、出血或鼻中隔穿孔。

铬离子可以从创面被吸收引起全身中毒，即使中小面积也可造成死亡。常表现有头昏、烦躁不安等神经症状，继而发生神志不清和昏迷，往往同时伴有呼吸困难和紫绀。肾脏是铬酸在体内排出所经过的主要途径，早期尿中就可出现各种管型、蛋白和血红蛋白，最后发生尿闭和尿毒症而死亡。此外铬酸对胃黏膜有强烈的刺激作用，可出现频繁的恶心、呕吐、吞咽困难、溃疡和出血。

b. 处理。局部处理：局部先用大量清水冲洗。口鼻腔可用 2% 碳酸氢钠溶液漱洗。创面水泡应剪破，继用 5% 硫代硫酸钠液冲洗或湿敷，也可用 1% 磷酸纳或硫酸钠液湿敷。铬在组织中不能排出，有人主张用 5%～10% 枸橼酸钠、乳酸钠或石酸钾溶液湿敷，以辅助硫代硫酸钠的不足；也有人主张用维生素 C 及焦亚硫酸钠各 2 份，酒石酸 1 份、葡萄糖 1 份和氯化铵 1 份制成合剂，作为表面解毒剂，以还原 6 价铬，它比清水冲洗更有效；也可用 10% 依地酸钙钠（KMA）溶液冲洗创面，最好是在长期的流动液体中冲洗，以减轻创面对铬离子的吸收。

对于小面积的铬酸烧伤，应用上述方法均可奏效。Ⅲ度铬烧伤伴有热烧伤时，可以早期切除焦痂，但对大面积者，效果不肯定，仍可因中毒而死亡。

⑤氢氰酸及氰化物烧伤。氢氰酸为微带黄色、性质活泼的流动液体，具有苦杏仁味，易挥发，氰化物包括氰化钠、氰化钾、黄血

盐、乙腈等，其毒性是在空气和组织中放出氰根，遇水后生成氢氰酸，可经皮肤、呼吸道和消化道吸收引起中毒。氰化物因释放热可造成皮肤烧伤。

氰化物的毒性在于 CN^- 能迅速与氧化型细胞色素氧化酶 Fe^{3+} 结合，并阻止其他细胞色素还原为 Fe^{2+} 的还原型细胞色素氧化酶，从而使细胞色素氧化作用被抑制，造成"细胞窒息"。此时血液氧的饱和不受影响，血仍呈鲜红色。呼吸中枢麻痹常为氰化物中毒的致死原因。

氰化物进入体内，大部分以氰化氢的形态由肺部呼出，部分在肝脏内经酶等作用与硫结合成为硫氰酸盐后经肾排泄。硫氰酸盐的毒性为氰化物的 1/200；高铁血红蛋白与氟化物可暂时结合成较稳定的化合物，可延迟毒性作用的发生，但是体内正铁血红蛋白含量极少，故实际意义不大。

急性氰化物中毒一般在临床上可分为前驱期、呼吸困难、痉挛期和麻痹期。大量吸入高浓度氰化物后在 2～3 min 内即可出现呼吸停止，轻者也需经 2～3 天症状才能逐步缓解。

由于氰化物毒性极大，作用又快，因此对可疑的氰化物中毒者，必须争分夺秒，立即进行紧急治疗，以后再进行检查。

急救处理采用亚硝酸盐、硫代硫酸钠联合疗法。其原理是亚硝酸戊酯和亚硝酸钠使血红蛋白迅速转变为较多的高铁血红蛋白，后者与 CN^- 结合成比较稳定的氰高铁血红蛋白。数分钟后氰高铁血红蛋白又逐渐分解，放出 CN^-，此时再用硫代硫酸钠，使 CN^- 与硫结合成毒性极小的硫氰化合物，从而增强体内的解毒功能。这一处理是氢氰酸烧伤抢救成败的关键，方法是立即吸入亚硝酸戊酯 15～30 s，数分钟内可重复 1～2 次，缓慢静脉注射 3% 亚硝酸钠 10～20 mL（注射速度 2～3 mL/min），接着静脉注射 25%～50% 硫代硫酸钠 25～50 mL。同时可采用葡萄糖液输注。

创面可用 1∶1 000 高锰酸钾液冲洗，其余处理同一般热力烧伤。

2）碱烧伤。常见致伤的碱性药物有苛性碱（氢氧化钠、氢氧化钾）、石灰和氨水等。

①强碱烧伤。碱烧伤的致伤机理是碱有吸水作用，使局部细胞脱水；碱离子与组织蛋白形成碱—变性蛋白复合物，皂化脂肪组织。皂化时产生的热，使深部组织继续损伤。由于碱—变性蛋白复合物是可溶性的，能使碱离子进一步穿透至深部组织引起损害，因此强碱烧伤后创面呈黏滑或肥皂样变化。

碱烧伤后，应立即用大量清水冲洗创面，冲洗时间越长，效果越好，达 10 小时效果尤佳，但伤后 2 小时处理者效果差。如创面 pH 达 7 以上，可用 0.5%～5% 醋酸和 2% 硼酸湿敷创面后，再用清水冲洗。

创面冲洗干净后，最好采用暴露疗法，以便观察创面的变化。深度烧伤应及早进行切面植皮。全身处理同一般烧伤。

②生石灰烧伤。生石灰遇水生成氢氧化钙并放出大量反应热，因此可引起皮肤的碱烧伤和热烧伤，且相互加重。烧伤创面较干燥，呈褐色，有痛感，而且创面上往往残存有生石灰。

首先，应将创面上残留的生石灰刷除干净，然后用大量清水长时间冲洗创面。后续的治疗与一般烧伤相同。

③氨水烧伤。氨水在农业上常用的浓度为 18%～30%，是中等强度的碱，它与强碱类一样有溶脂浸润等特点，临床上常见的情况有：氨水接触皮肤或黏膜的烧伤；氨水与氨水蒸气的吸入性损伤，其严重的并发症是下呼吸道烧伤和肺水肿，治疗原则同吸入性损伤。

3）磷烧伤。磷在工业上用途甚为广泛，如制造染料、火药、火柴、农药杀虫剂、制药等。因此，在化学烧伤中，磷烧伤仅次于酸、碱烧伤，居第三位。

①致伤机理。磷烧伤后可由创面和黏膜吸收，引起肝肾等主要脏器损害，导致死亡。无机磷的致伤原因，在局部是热和酸的复合伤。因为磷暴露在空气中自然发生热烧伤，并形成 P_2O_5 及 P_2O_3，

其对皮肤或黏膜有脱水夺氧的作用，且遇水形成磷酸和次磷酸，引起皮肤化学烧伤，这也是创面损伤继续加深的主要原因。黄磷是强烈的胞质毒，迅速从创面或黏膜吸收，由血液带至各脏器，引起损害及中毒，也可因磷蒸汽经气道黏膜吸收，引起中毒。

②局部表现。磷烧伤实际上是热及化学物质的复合烧伤，因此一般均较深、有时可达骨骼。磷在空气中燃烧时，能发出烟雾和大蒜样的臭味。在黑暗的环境中能见到蓝绿色的荧光。临床上所见的浅Ⅱ度或深Ⅱ度的创面呈棕褐色，在创面暴露情况下，Ⅲ度磷烧伤呈黑色。曾见到1例磷烧伤，Ⅲ度烧伤的外表如一般所见的干燥焦痂，截肢时则见肌肉和骨骼均为黑色，尸检时发现头皮与帽状腱膜也呈黑色。

同时，早期经硫酸铜处理的Ⅲ度磷烧伤经过包扎治疗后，刚揭除敷料时创面为白色，暴露后呈蓝黑色，3天后则完全变为焦黑色。

③全身表现。根据17例磷烧伤的临床分析，主要的全身表现如下所述。

a. 头痛、头晕和全身乏力：不论面积大小，大部分伤员均有头痛且出现甚早，一般在3～5天后消失。但有时可持续至创面愈合以后。

b. 肝区压痛、黄疸和肝肿大：17例中4例有肝胆系统方面的临床变化，3例治愈。其中2例为三氯化磷烧伤，面积分别为63%和55%，在伤后2～4天出现黄疸，血清黄疸指数、胆红素均升高，凡登白试验为延迟反应。肝脏肿大在肋下1～2横指，肝区叩痛，3～4天后逐渐恢复正常。1例为白磷烧伤，面积15%，在伤后4天切除Ⅱ度焦痂植皮一期愈合，但在伤后12天出现黄疸，持续2天后逐渐消失，同时肝脏肿大并有压痛。这说明磷及其化合物从创面吸收甚早且迅速。1例死亡病例的烧伤面积为78%，尸检时发现肝脏有中毒性组织退行性病变等病理变化。这是由于磷被吸收后，存在于体液中，一部分在血液中氧化，形成磷的低价化合物，另一部分在肝脏中沉着，使肝脏发生中毒性病理变化。

c. 呼吸道表现：磷化合物或烟雾，尤其是五氧化二磷和三氯化磷，被吸入后，伤员呼吸增快而短促，严重者可以发生窒息。听诊时呼吸音低远，伴有哮鸣音。轻者有慢性咳嗽，重者可发生肺水肿。据资料记载，将豚鼠放置在磷烟雾中 2～3 min，呼吸道无明显变化；放置 50 min 后，则发现咽喉和气管的上皮细胞破坏，黏膜有炎症性淋巴细胞浸润和支气管肺炎的变化。如果吸入大量五氧化二磷气体，遇潮湿的呼吸道黏膜后，会生成磷酸，则酸性腐蚀作用更强。1 例伤员在伤后 3 天死亡，尸检发现两肺为急性支气管肺炎和间质性肺炎，切开胸腔时就闻到磷的大蒜味。喉头黏膜呈青灰色，有灶性出血点和水肿。

d. 泌尿系统表现：多数有少尿、血红蛋白尿及各种管型。严重者发展成为少尿或急性肾功能不全。中等面积的磷烧伤也可发生肾功能衰竭。

由于肾小球和肾小管均坏死，血清钾、钠、磷等含量在伤后 72 h 内急剧上升，病人往往因高钾血症致心跳骤停。

e. 低钙、高磷血症：钙磷比例倒置时，死亡率高。心电图往往出现 R—T 间期延长，S—T 段下降，低血压、心率慢或心律不齐。

f. 精神和神经系统表现：1 例（深 Ⅱ 度磷烧伤面积 66%）在伤后 17 天，创面开始愈合时出现幼稚型精神变化，直到创面完全愈合仍未能控制，出院后 2 个月左右方恢复正常。

④处理。由于磷及其化合物可从创面或黏膜吸收，引起全身中毒，故不论磷烧伤的面积大小，都应十分重视。

a. 现场抢救：应立即扑灭火焰，脱去污染的衣服，用大量清水冲洗创面及其周围的正常皮肤。冲洗水量应够大。若仅用少量清水冲洗，则不仅不能使磷和其化合物冲掉，反而使之向四周溢散，扩大烧伤面积。

在现场缺水的情况下，应用浸透的湿布包扎或覆盖创面，以隔绝磷与空气接触，防止其继续燃烧。转送途中切勿让创面暴露于空气中，以免复燃。

b. 创面处理：清创前，将伤部浸入冷水中，持续浸浴。浸浴最好是流水。

进一步清创可用 1%～2%硫酸铜溶液清洗创面。若创面已不再发生白烟，则表示硫酸铜的用量与时间已够，应停止使用。因为硫酸铜可以从创面吸收，所以大量应用后可发生中毒，引起溶血，尤其是用高浓度溶液更易发生。硫酸铜的作用是与表层的磷结合成为不能继续燃烧的磷化铜，以减少对组织的继续破坏。同时磷化铜为黑色，便于清创时识别。但对已经侵入组织中的磷及其化合物，硫酸铜并无作用。

磷颗粒清除后，再用大量等渗盐水或清水冲洗，清除残余的硫酸铜溶液和磷燃烧的化合物。然后用 5%碳酸氢钠溶液湿敷，中和磷酸，以减少其继续对深部组织的损害。

创面清洗干净后，一般应用包扎疗法，以免暴露时残余磷与空气接触燃烧。包扎的内层可用任何油质药物或纱布，避免磷溶解在油质中被吸收。如果必须应用暴露疗法时，可先用浸透 5%碳酸氢钠溶液的纱布覆盖创面，24 小时后再暴露。

为了减少磷及磷化合物的吸收及防止其向深层破坏，对深度磷烧伤，应争取早期切痂，除中小面积磷烧伤可在伤后当天切痂植皮外，大面积磷烧伤伤员在休克被控制后，即应积极争取手术。切痂时应包括已侵入深层的组织，以免磷继续吸收与破坏深部组织。整个肢体的磷烧伤，在切除焦痂时，应做深层组织检查，若皮下组织或肌肉已呈黑色，应做广泛的切除。为了避免磷吸收中毒，必要时可进行切肢。若为磷弹烧伤，弹片滞留在软组织中时，则应将弹道进行清创，移除弹片，避免磷吸收。

4）镁燃烧。镁是一种软金属，燃烧时温度可高达 1982℃，在空气中能自燃，熔点是 651℃。液态镁在流动过程中可以引起其他物质的燃烧。与皮肤接触时，可引起燃烧，镁是目前燃烧弹中常用的元素之一。在现代战争中，往往将镁与凝固汽油混合一起制成凝固汽油弹以增强杀伤力。

镁与皮肤接触后，使皮肤形成溃疡，开始较小，而溃疡的深层往往呈不规则形状，镁烧伤发展的快慢和镁的颗粒大小有关。若向四周发展较慢，则有可能向深部发展。镁被吸入或被吸收后，伤员除有呼吸道刺激症状外，还可能有恶心、呕吐、寒战或高热症状。

镁烧伤的急救处理同一般化学烧伤。由于镁的损伤作用可向皮肤四周扩大，因此对已形成的溃疡可在局部麻醉下将其表层用刮匙扭刮，如此可将大部分的镁移除。若侵蚀已向深部发展，则必须将受伤组织全部切除，然后植皮或延期缝合。如有全身中毒症状，可用 10%葡萄糖酸钙 20～40 mL 静脉注射，每日 3～4 次。

5）其他化学烧伤

①沥青烧伤。沥青在常温下为固体，当加温到 232℃以上时呈液态，飞溅到人体表面造成损伤。但它遇到冷空气后，温度可下降到 93～104℃。

沥青中含有苯、萘、蒽、吡啶、苯并芘等毒性物质。煤焦油沥青是目前工业上常用的沥青，其毒性最大，它是煤炭干馏所产生的煤焦油，经提炼后残存的物质，俗称柏油。当人吸入沥青蒸汽或粉尘后可致上呼吸道炎症或化学性肺炎，甚至沥青全身中毒。

a. 临床表现：

局部创面：由于沥青黏着性强，高温熔化的沥青黏着皮肤后，不易除去，若温度高且散热慢，往往形成深Ⅱ度或Ⅲ度烧伤；若温度已较低，则在沥青黏着中心部位为浅Ⅱ度或深Ⅱ度烧伤，部分创面若染有沥青，经溶剂清除后，往往只表现为Ⅰ度烧伤。

沥青的操作工人，由于暴露部位的皮肤和黏膜长时间与沥青烟雾或尘埃接触，可形成急性皮炎或浅Ⅱ度烧伤。有时还有视物模糊、流泪、胀痛等结膜炎表现。

全身中毒：发生大面积沥青烧伤者，可出现头痛、眩晕、耳鸣、乏力、心悸、失眠或嗜睡、胸闷、咳嗽、皮痛、腹泻或便血、尿少、精神异常等症状，甚者可昏迷、死亡，常伴有体温升高。血象可有嗜伊红细胞异常增高和白细胞增多症等。上述许多症状类似苯中毒，急性肾功能衰竭往往是病人死亡的主要原因。

b. 处理：

创面处理：在现场，立即用冷水冲洗降温。烧伤面积较大者，在休克复苏稳定后，应及早清除创面沥青，以便阻止毒物吸收并早日诊断烧伤创面深度，利于治疗。清除溶剂有松节油、汽油等。大面积创面宜用松节油擦洗。擦洗沥青后，再用清水冲洗，最后以新洁尔灭液清洗创面，酌情采用暴露或包扎疗法。

刺激性皮炎和黏膜处理：停止接触沥青和阳光曝晒，避免用对光敏感的药物如磺胺、冬眠灵、非那根等。皮肤局部禁用红汞和龙胆紫。眼结膜炎用生理盐水冲洗，尔后用 0.25%新霉素眼液或金霉素眼膏。

全身治疗：有全身中毒症状者，静脉注射葡萄糖酸钙和大剂量维生素 C、硫代硫酸钠等。注意维护肝、肾功能。余同热力烧伤。

②水泥烧伤。水泥烧伤多见于建筑工人或水泥厂操作工人。水泥主要含氧化钙、氧化硅等，遇水后形成氢氧化钙等碱性物，pH 值为 12，与它接触可致轻度的碱烧伤。

水泥导致皮肤损害的原因有：水泥粉尘有砂砾的特点，容易形成刺激性皮炎；水泥中含有铬酸盐类，可引起过敏性皮炎；湿的水泥接触皮肤，形成轻度的碱烧伤或局部溃疡。

a. 临床表现：水泥烧伤部位以下肢为多见，多为Ⅱ度烧伤创面，有水泡。若不及时处理易发生侵蚀性溃疡。

b. 处理：早期用水冲洗，原则同碱烧伤，清除水疱和腐皮，必要时用弱酸或柠檬酸溶液局部湿敷。若创面较深，则可视情况切痂植皮。

第四节　医疗运送救护

　　一般认为，院前救护包括事故现场的医疗急救及脱离现场后的医疗运送救护。严格讲医疗运送救护是现场急救的延续。运送救护的目的旨在支持病人的生理机能，控制伤情或病情发展，安全迅速地将病人送达医院。不言而喻，运送救护是在各种交通载体内进行的。由于载体内可用空间有限，并受行驶条件及气象环境等因素的影响，因此使得运送救护技术操作相对困难。相对现场急救而言，运送救护的突出特点是"运动中的急救"。病态机体在运动过程中呈现的变化可能是迅速而复杂的，以往的事实表明，很大一部分病人不是死在发病现场或医院，而是死在运送过程中。因此，目前运送过程中的救护问题越来越引起人们的关注。一门急救医学中的重要分支学科——医疗救护运送正在形成之中。

一、医疗救护系统

　　医疗运送救护是使用某种交通工具实施运送为前提的医学救护。因此，安全、迅速地为病人创造获得院内医学救护的机会即是其唯一目的，也是其基本原则。安全是指在运送过程之中给予病人有效的医疗支持，同时不能由于运送造成危及生命的损伤。这里包括运送适应证的认定、运送救护人员的素质与配备、运送工具内急救医疗设施的配备、交通运送工具的选择等。迅速是指在正确信息的有效指导下，使用最合适的交通运送工具，在最短的时间内将病人送到医院。不难看出，医疗运送救护是有组织、有计划、完整的化学事故中毒应急救援系统的一部分，因而，它不同于一般的、单一的仅以运送病人为目的的转送活动。

1. 运送适应证的认定

现场应急救援首先面对的是群体的伤病员，由于伤病员接触致病因素的时间、方式、防护措施、个人体质的不同，造成现场伤病员的病情相对不同。而急救的目的之一即是给予伤员尽量早期和有效的抢救治疗，因此面对伤员数量大、伤情复杂的事故现场，应根据伤情并结合救治力量和条件对伤员进行分类，即分出轻重缓急，确定救治和运送的先后次序，以保证危重伤员优先得到救治，其他伤员也可以及时地获得治疗，使急救工作能有条不紊地取得最佳效果。伤员分类是克服混乱、减少忙乱、最大限度地发挥急救现场有限人力物力作用的有效措施。

（1）伤员分类及运送指征。伤员分类鉴别是个复杂的过程，原则上应由训练有素和经验丰富的医生承担，并以医疗诊断标准为基础。

1）有生命危险或严重并发症危险者，例如已窒息者，有心跳、呼吸停止或生命危险者，休克者等，宜立即抢救，待病情改善后再转运。

2）暂无生命危险，但若不及时处理会出现病情转化或严重并发症者，应尽快在现场处理后转运。

3）推迟几小时救治无重大危险者或经对症处理后很快能得到恢复者，可暂缓处理或延后转运。

4）无明显损伤或能自行离开现场者可不作现场处理。

5）暂无明显损伤，但预期有迟发症状的病人，需要就地观察或转运。

6）有歇斯底里等精神反应状态者，应立即给予照料，并与他人分开。

（2）运送前医疗处置指征。保证运送救护过程安全的前提之一是使伤病员在现场获得最基本的生命支持。禁忌无视病情而一律匆忙转运。不能仅为了尽快获得院内治疗而使患者失去最关键的抢救机会或增加运送途中的危险，否则，就失去了现场应急救援的意义。

病情严重者（如下述）必须在运送前给予有效的医疗处置后方可转送。

1）心跳、呼吸停止者，实施心肺复苏术后。

2）深度昏迷者，清除口腔内异物，确保呼吸道通畅且予供氧后。

3）肺水肿患者，采取消泡、高浓度吸氧、抗水利尿措施后。

4）窒息者，去除窒息病因、吸氧，必要时行气管切开术或气管插管术后。

5）休克者，给予吸氧，建立静脉通道，实施扩容升压后。

6）化学灼伤者，清除化学污染物，大量流动水冲洗后。

7）创伤者，实施止血、包扎、固定术后。

2. 运送救护人员的素质与配备

有组织的医学应急救援行动是由专业人员实施的。从事故现场到院内救治均由专业人员提供连续性的、系统性的救治服务。作为中间环节——运送途中的救护无疑起到了"承前启后"的作用。由于运送救护过程中病情危急多变，多环境干扰因素，而使抢救工作呈现出复杂性，进而也对运送救护人员的素质与配备提出了相应的要求。

（1）运送救护人员的素质。救护人员必须头脑清醒，判断准确，抓住重点，同时必须具备运送救护的基本技术和身体体质。

1）熟悉所发生的化学事故的性质，存在的主要伤害或致病因素及其所致伤病的特征。

2）掌握外伤止血、包扎、固定、搬运等技术。

3）掌握体位选择及有关保证呼吸道通畅的方法和技术。

4）掌握辅助呼吸与循环支持技术。

5）掌握心电图监护与除颤技术。

6）救护人员自身适应交通运送工具的运动，无不适反应。

（2）运送救护人员的配备。化学事故尤其是大型社会灾害性化学事故的运送救护工作，应在统一指挥下分组进行。每一个运送救护小组至少应由一名资深医生、一名护士、一名司机组成。指定医生全面指挥该小组的救护及运送工作，并负责与指挥中心及目的医院的通讯联系。同时应结合化学事故所致伤情复杂、中毒与外伤并存的特点，安排专科医师护送。目前我国对运送救护人员的配备还无明确规定，大多仍处于"随机自然配备"状态。但应明确在有组织、有计划地实施化学事故医学应急救援活动中，绝对禁止无医疗力量支持下的单一运送。

3. 抢救设备与装置

无论以何种交通工具实施运送救护，都需要配备功能齐全的医疗检查、处置器材与药品，并且要针对救援事故的特点作相应的配备。这是保证运送途中安全的另一个主要问题。尤其在我国，各类化工企业遍地开花，城市、偏远乡镇、山区都存在大量化工企业，他们路途远近不一，毒物品种繁多。如果没有充分而有针对性的医药准备，那么无疑将给运送救护带来困难，因此一般的转运救护医药部分应具备以下器械。

1）基础检查：血压计、听诊器、心电监护仪、电筒等。

2）维持正常呼吸功能：气管切开包、气管插管、面罩、吸引器、供氧器具、简易人工呼吸器等。

3）维持心血管循环功能：除颤器、起搏器、输液器等。

4）对症和特效抢救治疗药品：抗心衰药物、抗循环衰竭药物、特效解毒剂、充足液体、冲洗液等。

5）创伤止血固定器材、导尿管、敷料等。

6）搬运器材、保暖物品等。

我国要求急救护送人员（医师、护士）必须熟练使用上述设备，并且准确判断病情，随时决定采取一切必要的急救措施。在日本，因急救队员没有医师资格，且掌握的知识有限，故在急救过程中，处置内容以心肺复苏及一般的措施为主，无权擅自用药，但他们对运送中的抢救器械和设备的使用相当过硬，并将运送急救中检查及处置的结果通过无线通信发送到急救中心，遵照急救中心医师的医嘱，可进一步采取用药、输液等措施。

4. 医院的选择

在实施运送之前，必须首先明确运送的目的地（医院），可根据病情和运送条件合理选择。

（1）就近入院。化学事故多以突发性、群体性为特点，因而，有较多的病人时应首先考虑送往最近的医院抢救，以争取时间，使最多的人获得最早、最大限度的生命支持。如果在选择医院时，舍近求远，一味追求高层次医院，就将会使更多的病人失去最佳获救机会，而人为导致抢救延误或失败。

（2）专科医院。事故现场一般病因较明确，不但外伤显而易见，而且中毒的原因也是比较明确的。在病人获得一般抢救后，应根据病情和附近医院的医疗技术特点，将病人快速送到专科医院。例如，一氧化碳中毒危险者宜送往具备高压氧舱的医院。即使一般化学中毒也最好送往职业病防治院（所）为宜。总之，专科医院的选择旨在使病人获得最为有效的医疗服务。

（3）综合医院。如果病人已有明显的心血管系统障碍，包括合并冠心病、心绞痛发作、心梗，或呼吸衰竭、昏迷时，如附近医院医疗水平受限，应在现场抢救的资深医师护送下，直接送往综合医院，并配合抢救，针对直接病因积极采取有效措施。

二、运送保障系统

现场应急救援活动中，时间是非常重要的。在现场合理分检处置病人后，应即刻组织实施运送计划。保证运送迅速的三个条件是：交通工具、路线、通信。事实上任何一个有组织的应急救援系统，能否选择最佳运送工具、路线，且随行配备通信联络设备并保证好用，是保障运送救护是否及时的关键。

1. 交通运送工具

（1）救护车。救护车在我国是运送急救病人最常见、最多采用的交通工具。我国救护车国家标准对救护车做了明确的定义，即救护车是用来进行抢救和运送伤病员的专门车辆，并根据救护车的不同用途，把它分为四种类型：急救型救护车（简称急救车）、运送型救护车、专业救护车和救护指挥车。

急救型救护车是用来运送危重病人的，在车上应有心电图机、除颤器、起搏器、呼吸器、吸引器，以及其他有关器材，包括药品、敷料等。

运送型救护车是带有运送非危重伤病员设施的救护车，车上仅有担架及其他简单的设施，医生可根据病情需要携带有关器材。

专业救护车带有某种（如新生儿、儿科、创伤外科等）特需的急救护理设备，能对该种病人进行有效的救护。

救护指挥车为具备现场指挥功能的救护车。车内装有供 4 人以上乘坐的座席、一套对讲机和广播系统。

我国作为区域化学事故应急救援中心，应配备急救型救护车和救护指挥车。而省、市救援中心至少应配备急救型救护车。无论何种形式的救护车，在运送救援时均应配备通信联络装置（移动电话）。目前，由于我国各地区经济、文化水平发展不一，救护车内的装备也不尽相同。某些单位的救护车不仅无任何装备，而且安置了大量非救护用座位，使其变成一般交通工具，根本起不到运送急救作用。目前，救护车的规格向标准化、现代化发展的速度较快，许多国家对车辆装置制定了最低标准，并通过行政和立法手段，把急救车作为卫生保健系统的一部分进行管理。

实施运送救护时要根据条件合理调用车辆。对重伤员应在医务人员的救护下尽可能用急救型救护车运送，对中度伤员可几人合用一辆车，对轻伤员可征用公交车或卡车护送。

（2）救护飞机。在化学事故尤其是大型或社会灾难性化学事故发生时，使用救护飞机进行空运救护将起到极其重要的作用。它的优点在于速度快，机动灵活，减少并发症。目前，空运救护在我国尚未普及，一般只由有条件的少数部队医院采用。主要机型有米格—8型、直—8型，偶尔用运—5型、运—8型飞机。尽管我国还未形成有效的空运救护网络，但当发生恶性、社会灾难性化学事故时，应由政府紧急组织调用空运救护力量。

（3）救护汽艇。在海面、江河水网地区，救护汽艇是急救运送的主要工具之一。在化工企业较密集的岛屿、水乡、渔镇地区，应急救援中心应注意结合实际情况配备救护汽艇。由于汽艇救护空间小、颠簸较大，因此不适于长距离运送，一般作为水面到陆地间的过渡性运送救护工具。目前，许多国家和地区已出现专业性医疗救护汽艇，艇上设备齐全，日常处于待命状态。

（4）其他工具。在化学事故救援现场除以专业性运送救护工具运送病人外，往往还要根据情况运用其他交通工具，包括各种汽车、畜力车、人力车等。此时应注意由医务人员交代清楚运送过程中的注意事项。

2. 运送路线

运送路线选择原则是走捷径和平坦道路，尽量避免从繁华闹市区穿行。应急救援中心的抢救车辆在司机较为陌生的地区行驶时，宜有当地抢救人员作为行车向导，以避免越急越乱，多走弯路。对于平坦道路的选择较捷径的选择更为重要，此点尤其在山间、乡镇地区必须特别注意。车辆的颠簸对病人，尤其是躺卧位病人是极为有害的，应注意在不平坦的路面行驶要适当减速。

3. 通信联络

运送救护过程中的通信联络是整个化学事故应急救援通信联络系统的重要组成部分，主要用于与目的地医院的联络和与现场抢救指挥中心的联系。运送途中向目的地医院报告需入院的伤病员人数、病情状况，以便医院做好组织抢救小组、准备器械及药品等相应的院内抢救的准备工作。及时向指挥中心汇报途中伤病员病情及与目的地医院的联系情况，请求指挥中心协调解决某些特殊问题。在美国、日本等国家，这种移动通信还承担抢救中心指挥护送人员在车内抢救处置病员的桥梁作用。装备精良的急救型救护工具内应配备高频无线电台，一般运送救护车也应至少配备移动电话或对讲机一部。务必保证通信工具畅通好用。

三、医学急救要点

运送急救是化学事故应急救援医学抢救的重要组成部分，由于交通工具的使用是动态过程，因此使得这一抢救呈现出不同于现场和院内急救的特点：环境条件对病情影响大；病情变化判断难度大；医疗设备资源有限。因此，运送途中，尤其远距离运送时护送人员必须了解基本抢救要点，重在呼吸、脉搏、血压、心脏、生命指征的监护，而不是单纯的对症治疗。

1. 运送工具的使用

（1）陆运救治的注意事项。

1）救护车转送时车速不宜过快，以免加重病情。

2）担架应固定可靠，以减少左右前后摇摆的影响，导致机械性损伤。车厢内和担架下可再放些铺垫物，以缓冲颠簸作用。

（2）空运救护的注意事项。

1）空运对伤员的影响较正常人明显，尤其机体创伤对强烈震动、噪声、环境的负荷和适应能力严重下降，可致血液黏滞度增高，循环障碍，细胞内外离子平衡失调。

2）低气压对五官的创伤，尤其是中耳伤、气胸、腹部外伤影响大，由于飞行高度的增加使空气的压力减少，因此使空腔脏器膨胀体积增加。运送伤员一般高度不应超过 3 000 m。

3）尽管 3 000 m 以上飞行对缺氧者的影响是不明显的，但对失血性休克、呼吸困难、昏迷中毒等伤员的影响必须高度重视。

4）伤员对晕机的敏感性较正常人员高。晕机症引起呕吐时，若口腔不能及时张开，易造成呕吐物吸入气管引起窒息，危及生命。

（3）船舶、汽艇航运。

1）晕船呕吐对伤员影响很大，尤其对中毒患者影响较大，尽量不使用船只远距离运送。

2）汽艇运送颠簸震动大，务必要求平稳行驶。

2. 运送技术处置与注意事项

（1）搬运。搬运患者时必须根据病情和各种具体环境情况而定。担架是搬运伤员最常用的工具。它使用方便安全，伤员在上面比较舒适。把伤员移上担架时，头部应向后，足部向前。在担架行走时，两人速度要相同，平稳前进。向高处抬运时（如上台阶），抬前面的人手要放低，腿要弯曲着走；抬后面的人要搭在肩上，勿使担架两头高低相差太大。向低处抬运时（如下台阶），和上台阶相反。担架两旁应有人看护，防止伤员翻落。

（2）体位。

1）外伤体位。颅脑伤病员应采取半卧位或侧卧位，以防止呕吐物或舌根下坠阻塞气道。胸部伤病员应采取坐位，这样有利于伤员呼吸。严重的腹部外伤者应用担架或木板抬运，对应取卧位，屈曲下肢。脊柱脊髓伤者原则上要由2～4人一组进行搬运，首先将伤员的身体放成平直位置，用均衡的力量将病人平卧或抬起，注意动作要一致。并在胸或腰部垫一个高约10 cm的垫子，以保持胸或腹部的过伸位。严禁一人抱胸，一人搬腿的双人搬运法。

2）中毒体位。中毒者一般采取坐位或半卧位，比躺卧位更好，以便于呼吸及咳嗽。昏迷患者应平卧且头偏向一侧，并在头部及四肢大血管处放置冰袋，可将体温降至32℃左右，以延缓脑细胞死亡。若使用飞机运送，在起飞和降落时，要求患者头部保持低平位，以保证脑血液供应。休克患者要将其双腿垫高，使之高于头部以保证回心血量。中毒性肺水肿、中毒性急性肺心病、心力衰竭病人务必采取半卧位，并限制活动，减少耗氧量。

（3）处置。运送途中既要巩固现场急救的效果，又要密切观察病情变化，随时针对病情给予适当处置。除常规应用各种急救措施外，下列问题应需特别注意：

1）化学事故中的伤员，尤其中毒或灼伤患者在转送中注意保暖是十分重要的。

2）烧伤在清创之后，可以采用包扎或暴露疗法，但凡属考虑转院者均应包扎。转送途中暴露创面将增加护理难度，增多感染机会。

3）如果酸碱灼伤患者在现场水冲洗时间少于 30 min，那么在转送途中应继续冲洗，这尤其对碱灼伤患者更为重要。

4）某些化学物质灼伤易合并中毒，必须给予高度注意。例如，小面积的铬酸盐及苯酸溶液灼伤可引起急性肾功能衰竭，氯乙酸溶液（晶体）灼伤后易引起吸收中毒而致多脏器功能衰竭、心脏传导系统改变而心脏骤停。氢氟酸灼伤面积达 1%时要警惕大量氟吸收所致的全身性氟中毒，防止低血钙发生。

5）在运送因苯酚、黄磷（白磷）等脂溶性化学物灼伤的病人时，应争分夺秒，继续用特殊清洗剂冲洗或外涂（50%～70%酒精、1%～2%硫酸铜等），再用水清洗，以争取尽快将皮肤污染物清除干净，以杜绝再吸收。

6）运送黄磷（白磷）或含混有黄磷的无机磷灼伤者时，创面应湿包或用水浸泡，以阻止残留在创面上的黄磷颗粒遇空气燃烧，加重灼伤。创面使用油脂性外用药及油纱布敷料，以防磷吸收中毒。

7）禁止使用有色素药物，如龙胆紫、红汞等，以免给判断灼伤（烧伤）深度和清刨带来困难。

8）运送电击伤病人时，在运送前应建立可靠的静脉通道，途中突然发生气道梗塞时可紧急做环甲膜穿刺或切开插管术，严重电烧伤者转运前应当留置导尿管，记录尿量以了解休克情况，应边运送边进行复苏。

9）眼外伤应在现场详细检查处置的基础上，运送途中根据情况处置。如有眼球穿通或破裂伤不能冲洗，不得施加包扎，不许使用眼膏；如有眼内容物脱离出时肯定有眼球破裂，应点消炎眼药水，双眼加眼垫后运送。运送途中尽量不要颠簸和防止挤压眼球。

10）运送途中的抢救应自始至终进行，既不能因病情缓解而轻易停止继续采取措施（如呼吸停止病人经采取人工呼吸等措施而初步恢复自主呼吸后），也不能擅自对经采取心肺复苏术后仍未复苏的病人放弃抢救，必须给予病人全程救护，为院内抢救创造一切机会与可能。

11）运送中应尽可能做到一人一卡别在胸前或衣服的其他明显部位，注明姓名与初步诊断等，为院内抢救提供参考并节约时间。

12）将现场采集的血、尿、呕吐物等样品随病人一同送到医院，进一步化验分析，指导临床诊断治疗。

13）护送人员必须做好现场抢救、途中病情观察、处置与护理、通信联络等记录，到达目的医院后应进行床边交班，移交运送医疗记录。

附录 1

危险化学品事故灾难应急预案
（国家安全生产监督管理总局）

1 总则

1.1 目的

进一步增强应对和防范危险化学品事故风险和事故灾难的能力，最大限度地减少事故灾难造成的人员伤亡和财产损失。

1.2 工作原则

（1）以人为本，安全第一。危险化学品事故灾难应急救援工作要始终把保障人民群众的生命安全和身体健康放在首位，切实加强应急救援人员的安全防护，最大限度地减少危险化学品事故灾难造成的人员伤亡和危害。

（2）统一领导，分级管理。国家安全生产监督管理总局（以下简称安全监管总局）在国务院及国务院安全生产委员会（以下简称国务院安委会）的统一领导下，负责指导、协调危险化学品事故灾难应急救援工作。地方各级人民政府、有关部门和企业按照各自职责和权限，负责事故灾难的应急管理和应急处置工作。

（3）条块结合，属地为主。危险化学品事故灾难应急救援现场指挥以地方人民政府为主，国务院有关部门和专家参与。发生事故的企业是事故应急救援的第一响应者。按照分级响应的原则，地方各级人民政府及时启动相应的应急预案。

（4）依靠科学，依法规范。遵循科学原理，充分发挥专家的作用，实现科学民主决策。依靠科技进步，不断改进和完善应急救援的装备、设施和手段。依法规范应急救援工作，确保预案的科学性、权威性和可操作性。

（5）预防为主，平战结合。贯彻落实"安全第一，预防为主，综合治理"的方针，坚持事故应急与预防相结合。按照长期准备、重点建设的要求，做好应对危险化学品事故的思想准备、预案准备、物资和经费准备、工作准备，加强培训演练，做到常备不懈。将日常管理工作和应急救援工作相结合，充分利用现有专业力量，努力实现一队多能；培养兼职应急救援力量并发挥其作用。

1.3　编制依据

《安全生产法》《环境保护法》《危险化学品安全管理条例》等有关法律、法规和《国家安全生产事故灾难应急预案》。

1.4　适用范围

本预案适用于在危险化学品生产、经营、储存、运输、使用，废弃危险化学品处置等过程中发生的下列事故灾难应对工作：

（1）特别重大危险化学品事故。

（2）超出省（区、市）人民政府应急处置能力的事故。

（3）跨省级行政区、跨多个领域（行业和部门）的事故。

（4）安全监管总局认为需要处置的事故。

2　组织指挥体系及职责

2.1　协调指挥机构与职责

在国务院及国务院安委会统一领导下，安全监管总局负责统一指导、协调危险化学品事故灾难应急救援工作，国家安全生产应急救援指挥中心（以下简称应急指挥中心）具体承办有关工作。安全监管总局成立危险化学品事故应急工作领导小组（以下简称领导小组）。领导小组的组成及成员单位主要职责：

组长：安全监管总局局长

副组长：安全监管总局分管调度、应急管理和危险化学品安全监管工作的副局长

成员单位：办公厅、政策法规司、安全生产协调司、调度统计

司、危险化学品安全监督管理司、应急救援指挥中心、机关服务中心、通信信息中心、化学品登记中心。

（1）办公厅：负责应急值守，及时向安全监管总局领导报告事故信息，传达安全监管总局领导关于事故救援工作的批示和意见；向中央办公厅、国务院办公厅报送《值班信息》，同时抄送国务院有关部门；接收党中央、国务院领导同志的重要批示、指示，迅速呈报安全监管总局领导批阅，并负责督办落实；需派工作组前往现场协助救援和开展事故调查时，及时向国务院有关部门、事发地省级政府等通报情况，并协调有关事宜。

（2）政策法规司：负责事故信息发布工作，与中宣部、国务院新闻办及新华社、人民日报社、中央人民广播电台、中央电视台等主要新闻媒体联系，协助地方有关部门做好事故现场新闻发布工作，正确引导媒体和公众舆论。

（3）安全生产协调司：根据安全监管总局领导指示和有关规定，组织协调安全监察专员赶赴事故现场参与事故应急救援和事故调查处理工作。

（4）调度统计司：负责应急值守，接收、处置各地、各部门上报的事故信息，及时报告安全监管总局领导，同时转送安全监管总局办公厅和应急指挥中心；按照安全监管总局领导指示，起草事故救援处理工作指导意见；跟踪、续报事故救援进展情况。

（5）危险化学品安全监督管理司：提供事故单位相关信息，参与事故应急救援和事故调查处理工作。

（6）应急指挥中心：按照安全监管总局领导指示和有关规定下达有关指令，协调指导事故应急救援工作；提出应急救援建议方案，跟踪事故救援情况，及时向安全监管总局领导报告；协调组织专家咨询，为应急救援提供技术支持；根据需要，组织、协调、调集相关资源参加救援工作。

（7）机关服务中心：负责安全监管总局事故应急处置过程中的

后勤保障工作。

（8）通信信息中心：负责保障安全监管总局外网、内网畅通运行，及时通过网站发布事故信息及救援进展情况。

（9）化学品登记中心：负责建立化学品基本数据库，为事故救援和调查处理提供相关化学品基本数据与信息。

2.2 有关部门（机构）职责

根据事故情况，需要有关部门配合时，国务院安委会办公室按照《国家安全生产事故灾难应急预案》协调有关部门配合和提供支持。事故灾难造成突发环境污染事件时，按照《国家突发环境事件应急预案》统一组织协调指挥。

2.3 事故现场应急救援指挥部及职责

按事故灾难等级（见6.2响应分级标准）和分级响应原则，由相应的地方人民政府组成现场应急救援指挥部，总指挥由地方政府负责人担任，全面负责应急救援指挥工作。按照有关规定由熟悉事故现场情况的有关领导具体负责现场救援指挥。现场应急救援指挥部负责指挥所有参与应急救援的队伍和人员实施应急救援，并及时向安全监管总局报告事故及救援情况，需要外部力量增援的，报请安全监管总局协调，并说明需要的救援力量、救援装备等情况。发生的事故灾难涉及多个领域、跨多个地区或影响特别重大时，由国务院安委会办公室或者国务院有关部门组织成立现场应急救援指挥部，负责应急救援协调指挥工作。地方人民政府安全生产事故应急救援指挥机构与职责，由地方人民政府比照国家安全生产应急救援指挥机构和相关部门职责，结合本地实际确定。

3 预警和预防机制

3.1 信息监控与报告

安全生产事故灾难信息由安全监管总局负责统一接收、处理、统计分析，经核实后及时上报国务院。地方各级安全生产监督管理部门、应急救援指挥机构和有关企业按照《关于规范重大危险源监督与管理工作的通知》（安监总协调字〔2005〕125 号）对危险化学品重大危险源进行监控和信息分析，对可能引发危险化学品事故的其他灾害和事件的信息进行监控和分析。可能造成 Ⅱ 级以上事故的信息，要及时上报安全监管总局。

特别重大安全生产事故灾难（Ⅰ 级）发生后，事故现场有关人员应当立即报告单位负责人，单位负责人接到报告后，应当立即报告当地人民政府及其安全生产监督管理部门（中央直属企业同时上报安全监管总局和企业总部），当地人民政府接到报告后应当立即报告上级政府，事故灾难发生地的省（区、市）人民政府应当在接到特别重大事故报告后 2 小时内，向国务院报告，同时抄送安全监管总局。地方各级人民政府和有关部门应当逐级上报事故情况，并应当在 2 小时内报告至省（区、市）人民政府，紧急情况下可越级上报。

3.2　预警预防行动

各级安全生产应急救援指挥机构确认可能导致安全生产事故灾难的信息后，要及时研究确定应对方案，通知有关部门、单位采取相应行动预防事故发生；当本级、本部门应急救援指挥机构认为需要支援时，请求上级应急救援指挥机构协调。

发生重大安全生产事故灾难（Ⅱ 级）时，安全监管总局要密切关注事态发展，做好应急准备，并根据事态进展，按有关规定报告国务院，通报其他有关地方、部门、救援队伍和专家，做好相应的应急准备工作。国务院安委会办公室分析事故灾难预警信息，必要时建议国务院安委会发布安全生产事故灾难预警信息。

4　应急响应

4.1　分级响应

按事故灾难的可控性、严重程度和影响范围，将危险化学品事故分为特别重大事故（Ⅰ 级）、重大事故（Ⅱ 级）、较大事故（Ⅲ 级）和一般事故（Ⅳ 级）（见 6.2 响应分级标准）。事故发生后，发生事故的企业及其所在地政府立即启动应急预案，并根据事故等级及时上报。发生Ⅰ级事故及险情，启动本预案及以下各级预案。Ⅱ级及以下应急响应行动的组织实施由省级人民政府决定。地方各级人民政府根据事故灾难或险情的严重程度启动相应的应急预案，超出本级应急救援处置能力时，及时报请上一级应急救援指挥机构启动上一级应急预案实施救援。

4.2 启动条件

（1）事故等级达到Ⅱ级或省级人民政府应急预案启动后，本预案进入启动准备状态。

（2）下列情况下，启动本预案：

1）发生Ⅰ级响应条件的危险化学品事故。

2）接到省级人民政府关于危险化学品事故救援增援请求。

3）接到上级关于危险化学品事故救援增援的指示。

4）安全监管总局领导认为有必要启动。

5）执行其他应急预案时需要启动本预案。

4.3 响应程序

（1）进入启动准备状态时，根据事故发展态势和现场救援进展情况，执行如下应急响应程序：

1）立即向领导小组报告事故情况，收集事故有关信息，从安全监管总局化学品登记中心采集事故相关化学品的基本数据与信息。

2）密切关注、及时掌握事态发展和现场救援情况，及时向领导小组报告。

3）通知有关专家、队伍、国务院安委会有关成员、有关单位做好应急准备。

4）向事故发生地省级人民政府提出事故救援指导意见。

5）派有关人员和专家赶赴事故现场指导救援。

6）提供相关的预案、专家、队伍、装备、物资等信息，组织专家咨询。

（2）进入启动状态时，根据事故发展态势和现场救援进展情况，执行如下应急响应程序：

1）通知领导小组，收集事故有关信息，从安全监管总局化学品登记中心采集事故相关化学品的基本数据与信息。

2）及时向国务院报告事故情况。

3）组织专家咨询，提出事故救援协调指挥方案，提供相关的预案、专家、队伍、装备、物资等信息。

4）派有关领导赶赴现场进行指导协调、协助指挥。

5）通知有关部门做好交通、通信、气象、物资、财政、环保等支援工作。

6）调动有关队伍、专家组参加现场救援工作，调动有关装备、物资支援现场救援。

7）及时向公众及媒体发布事故应急救援信息，掌握公众反应及舆论动态，回复有关质询。

8）必要时，国务院安委会办公室通知国务院安委会有关成员，按照《国家安全生产事故灾难应急预案》进行协调指挥。

4.4　信息处理

省级应急救援指挥机构、地方各级安全生产监督管理部门接到Ⅱ级以上危险化学品事故报告后要及时报安全监管总局。

各危险化学品从业单位可将所属企业发生的Ⅱ级以上危险化学品事故信息直接报安全监管总局。危险化学品事故现场应急救援指挥部、省级应急救援指挥机构要跟踪续报事故发展、救援工作进展、事故可能造成的影响等信息，及时提出需要上级协调解决的问题和提供的支援。

安全监管总局通过办公厅向国务院办公厅上报事故信息。领导小组根据需要，及时研究解决有关问题、协调增援。事故灾难中的伤亡、失踪、被困人员有港澳台或外国人员时，安全监管总局及时通知外交部、港澳办或台办。

事故发生地化学品登记办公室、区域化学事故应急救援抢救中心和安全监管总局建立联系，共享危险化学品事故应急救援相关信息，主要包括现场数据监测、应急救援资源分布信息、气象信息、化学品物质安全数据库、重大危险源数据库等。危险化学品事故应急救援相关信息可通过传真、电话等传输通道进行信息传输和处理。

4.5　指挥和协调危险化学品事故现场救援坚持属地为主的原则。事故发生后，发生事故的企业应当立即启动企业预案，组织救援，按照分级响应的原则由当地政府成立现场应急救援指挥部，按照相关处置预案，统一协调指挥事故救援。本预案启动后，安全监管总局协调指挥的主要内容是：

（1）根据现场救援工作需要和全国安全生产应急救援力量的布局，协调调动有关的队伍、装备、物资，保障事故救援需要。

（2）组织有关专家指导现场救援工作，协助当地人民政府提出救援方案，制定防止事故引发次生灾害的方案，责成有关方面实施。

（3）针对事故引发或可能引发的次生灾害，适时通知有关方面启动相关应急预案。

（4）协调事故发生地相邻地区配合、支援救援工作。

（5）必要时，商请部队和武警参加应急救援。

4.6　现场紧急处置

根据事态发展变化情况，出现急剧恶化的特殊险情时，现场应急救援指挥部在充分考虑专家和有关方面意见的基础上，依法采取紧急处置措施。涉及跨省（区、市）、跨领域的影响严重的紧急处置方案，由安全监管总局协调实施，影响特别严重的报国务院决定。

根据危险化学品事故可能造成的后果，将危险化学品事故分为：火灾事故、爆炸事故、易燃、易爆或有毒物质泄漏事故。针对上述危险化学品事故的特点，其一般处置方案和处置方案要点分别如下：

4.6.1　危险化学品事故一般处置方案

（1）接警。接警时应明确发生事故的单位名称、地址、危险化学品种类、事故简要情况、人员伤亡情况等。

（2）隔离事故现场，建立警戒区。事故发生后，启动应急预案，根据化学品泄漏的扩散情况、火焰辐射热、爆炸所涉及的范围建立警戒区，并在通往事故现场的主要干道上实行交通管制。

（3）人员疏散，包括撤离和就地保护两种。撤离是指把所有可能受到威胁的人员从危险区域转移到安全区域。在有足够的时间向群众报警，进行准备的情况下，撤离是最佳保护措施。一般是从上风侧离开，必须有组织、有秩序地进行。就地保护是指人进入建筑物或其他设施内，直至危险过去。当撤离比就地保护更危险或撤离无法进行时，采取此项措施。指挥建筑物内的人，关闭所有门窗，并关闭所有通风、加热、冷却系统。

（4）现场控制。针对不同事故，开展现场控制工作。应急人员应根据事故特点和事故引发物质的不同，采取不同的防护措施。

4.6.2 火灾事故处置方案要点

（1）确定火灾发生位置。

（2）确定引起火灾的物质类别（压缩气体、液化气体、易燃液体、易燃物品、自燃物品等）。

（3）所需的火灾应急救援处置技术和专家。

（4）明确火灾发生区域的周围环境。

（5）明确周围区域存在的重大危险源分布情况。

（6）确定火灾扑救的基本方法。

（7）确定火灾可能导致的后果（含火灾与爆炸伴随发生的可能性）。

（8）确定火灾可能导致的后果对周围区域的可能影响规模和程度。

（9）火灾可能导致后果的主要控制措施（控制火灾蔓延、人员疏散、医疗救护等）。

（10）可能需要调动的应急救援力量（公安消防队伍、企业消防队伍等）。

4.6.3 爆炸事故处置方案要点

（1）确定爆炸地点。

（2）确定爆炸类型（物理爆炸、化学爆炸）。

（3）确定引起爆炸的物质类别（气体、液体、固体）。

（4）所需的爆炸应急救援处置技术和专家。

（5）明确爆炸地点的周围环境。

（6）明确周围区域存在的重大危险源分布情况。

（7）确定爆炸可能导致的后果（如火灾、二次爆炸等）。

（8）确定爆炸可能导致后果的主要控制措施（再次爆炸控制手段、工程抢险、人员疏散、医疗救护等）。

（9）可能需要调动的应急救援力量（公安消防队伍、企业消防队伍等）。

4.6.4 易燃、易爆或有毒物质泄漏事故处置方案要点

（1）确定泄漏源的位置。

（2）确定泄漏的化学品种类（易燃、易爆或有毒物质）。

（3）所需的泄漏应急救援处置技术和专家。

（4）确定泄漏源的周围环境（环境功能区、人口密度等）。

（5）确定是否已有泄漏物质进入大气、附近水源、下水道等场所。

（6）明确周围区域存在的重大危险源分布情况。

（7）确定泄漏时间或预计持续时间。

（8）实际或估算的泄漏量。

（9）气象信息。

（10）泄漏扩散趋势预测。

（11）明确泄漏可能导致的后果（泄漏是否可能引起火灾、爆炸、中毒等后果）。

（12）明确泄漏危及周围环境的可能性。

（13）确定泄漏可能导致后果的主要控制措施（堵漏、工程抢险、人员疏散、医疗救护等）。

（14）可能需要调动的应急救援力量（消防特勤部队、企业救援队伍、防化兵部队等）。

4.7　应急人员的安全防护

根据危险化学品事故的特点及其引发物质的不同以及应急人员的职责，采取不同的防护措施：应急救援指挥人员、医务人员和其他不进入污染区域的应急人员一般配备过滤式防毒面罩、防护服、防毒手套、防毒靴等；工程抢险、消防、侦检等进入污染区域的应急人员应配备密闭型防毒面罩、防酸碱型防护服和空气呼吸器等；同时做好现场毒物的洗消工作（包括人员、设备、设施、场所等）。

4.8　群众的安全防护

根据不同危险化学品事故特点，组织和指导群众就地取材（如毛巾、湿布、口罩等），采用简易有效的防护措施保护自己。根据实际情况，制定切实可行的疏散程序（包括疏散组织、指挥机构、疏散范围、疏散方式、疏散路线、疏散人员的照顾等）。组织群众撤离危险区域时，应选择安全的撤离路线，避免横穿危险区域。进入安全区域后，应尽快去除受污染的衣物，防止继发性伤害。

4.9　事故分析、检测与后果评估

当地和支援的环境监测及化学品检测机构负责对水源、空气、土壤等样品就地实行分析处理，及时检测出毒物的种类和浓度，并计算出扩散范围等应急救援所需的各种数据，以确定污染区域范围，并对事故造成的环境影响进行评估。

4.10　信息发布

安全监管总局是危险化学品事故灾难信息的指定来源。安全监管总局负责危险化学品事故灾难信息对外发布工作。必要时，国务院新闻办派员参加事故现场应急救援指挥部工作，负责指导协调危险化学品事故灾难的对外报道工作。

4.11　应急结束

事故现场得以控制，环境符合有关标准，导致次生、衍生事故隐患消除后，经现场应急救援指挥部确认和批准，现场应急处置工作结束，应急救援队伍撤离现场。危险化学品事故灾难善后处置工作完成后，现场应急救援指挥部组织完成应急救援总结报告，报送安全监管总局和省（区、市）人民政府，省（区、市）人民政府宣布应急处置结束。

5　应急保障

5.1　通信与信息保障

有关人员和有关单位的联系方式保证能够随时取得联系，有关单位的调度值班电话保证 24 小时有人值守。通过有线电话、移动电话、卫星、微波等通信手段，保证各有关方面的通信联系畅通。安全监管总局负责建立、维护危险化学品事故灾难应急救援各有关部门、专业应急救援指挥机构、省级应急救援指挥机构、各级化学品事故应急救援指挥机构以及专家组的通信联系数据库。

安全监管总局负责建立国家危险化学品事故应急响应通信网络、信息传递网络及维护管理网络系统，以保证应急响应期间通信联络、信息沟通的需要；加强特殊通信联系与信息交流装备的储备，以满足在特殊应急状态下，通信和信息交流需要；组织制定有关安全生产应急救援机构事故灾难信息管理办法，统一信息分析、处理和传输技术标准。安全监管总局开发和建立全国重大危险源和救援力量信息数据库，并负责管理和维护。省级应急救援机构和各专业应急救援指挥机构负责本地区、本部门相关信息收集、分析、处理，并向安全监管总局报送重要信息。

5.2　应急支援与装备保障

（1）救援装备保障。危险化学品从业单位按照有关规定配备危险化学品事故应急救援装备，有关企业和当地政府根据本企业、本地危险化学品事故救援的需要和特点，建立特种专业队伍，储备有关特种装备（泡沫车、药剂车、联用车、气防车、化学抢险救灾专用设备等）。依托现有资源，合理布局并补充完善应急救援力量；统一清理、登记可供应急响应单位使用的应急装备类型、数量、性能和存放位置，建立和完善相应的保障措施。

（2）应急队伍保障。危险化学品事故应急救援队伍以危险化学品从业单位的专业应急救援队伍为基础，以相关大中型企业的应急救援队伍为重点，按照有关规定配备人员、装备，开展培训、演练。各级安全生产监督管理部门依法进行监督检查，促使其保持战斗力，常备不懈。公安、武警消防部队是危险化学品事故应急救援的重要支援力量。

其他兼职消防力量及社区群众性应急队伍是危险化学品事故应急救援的重要补充力量。

上海、吉林、沈阳、天津、济南、青岛、株洲、大连 8 个区域化学事故应急救援抢救中心，作为危险化学品事故应急救援的重要力量，主要负责指导或实施对伤员的救治。

（3）交通运输保障。安全监管总局建立全国主要危险化学品从业单位的交通地理信息系统。在应急响应时，利用现有的交通资源，协调铁道、民航、军队等系统提供交通支持，协调沿途有关地方人民政府提供交通警戒支持，以保证及时调运危险化学品事故灾难应急救援有关人员、装备、物资。事故发生地省级人民政府组织对事故现场进行交通管制，开设应急救援特别通道，最大限度地赢得救援时间。地方人民政府组织和调集足够的交通运输工具，保证现场应急救援工作需要。

（4）医疗卫生保障。由事故发生地省级卫生行政部门负责应急处置工作中的医疗卫生保障，组织协调各级医疗救护队伍实施医疗救治，并根据危险化学品事故造成人员伤亡的特点，组织落实专用药品和器材。医疗救护队伍接到指令后要迅速进入事故现场实施医疗急救，各级医院负责后续治疗。必要时，安全监管总局通过国务院安委会协调医疗卫生行政部门组织医疗救治力量支援。

（5）治安保障。由事故发生地省级人民政府组织事故现场治安警戒和治安管理，加强对重点地区、重点场所、重点人群、重要物资设备的防范保护，维持现场秩序，及时疏散群众。发动和组织群众，开展群防联防，协助做好治安工作。

（6）物资保障。危险化学品从业单位按照有关规定储备应急救援物资，地方各级人民政府以及有关企业根据本地、本企业安全生产实际情况储备一定数量的常备应急救援物资；应急响应时所需物资的调用、采购、储备、管理，遵循"服从调动、服务大局"的原则，保证应急救援的需求。国家储备物资相关经费由国家财政解决；地方常备物资经费由地方财政解决；企业常备物资经费由企业自筹资金解决，列入生产成本。

必要时，地方人民政府依据有关法律法规及时动员和征用社会物资。跨省（区、市）、跨部门的物资调用，由安全监管总局报请国务院安委会协调。

5.3 技术储备与保障

安全监管总局和危险化学品从业单位要充分利用现有的技术人才资源和技术设备设施资源，提供在应急状态下的技术支持。应急响应状态下，当地气象部门要为危险化学品事故的应急救援决策和响应行动提供所需要的气象资料和气象技术支持。

根据重大危险源的普查情况，利用重大危险源、重大事故隐患分布和基本情况台账，建立重大危险源和化学品基础数据库，为危险化学品事故应急救援提供基本信息。根据危险化学品登记的有关内容，利用已建立的危险化学品数据库，逐步建立危险化学品安全管理信息系统，为应急救援工作提供保障。依托有关科研单位开展化学品事故应急救援技术、装备等专项研究，加强化学品事故应急救援技术储备，为危险化学品事故应急救援提供技术支持。

5.4 宣传、培训和演练

（1）公众信息交流。各级政府、危险化学品从业单位要按规定向公众和员工说明本企业生产、储运、使用的危险化学品的危险性及发生事故可能造成的危害，广泛宣传应急救援有关法律法规和危险化学品事故预防、避险、避灾、自救、互救的常识。

（2）培训。危险化学品事故有关应急救援队伍按照有关规定参加业务培训；危险化学品从业单位按照有关规定对员工进行应急培训；各级安全生产监督管理部门负责对应急救援培训情况进行监督检查。各级应急救援管理机构加强应急管理、救援人员的上岗前培训和常规性培训。

（3）演练。危险化学品从业单位按有关规定定期组织应急演练；地方人民政府根据自身实际情况定期组织危险化学品事故应急救援演练，并于演练结束后向安全监管总局提交书面总结。应急指挥中心每年会同有关部门和地方政府组织一次应急演练。

5.5 监督检查

安全监管总局对危险化学品事故灾难应急预案实施的全过程进行监督和检查。

6 附则

6.1 名词术语定义

危险化学品事故是指危险化学品生产、经营、储存、运输、使用、废弃危险化学品处置等过程中由危险化学品造成人员伤害、财产损失和环境污染的事故（矿山开采过程中发生的有毒、有害气体中毒，爆炸事故，放炮事故除外）。

6.2 响应分级标准

按照事故灾难的可控性、严重程度和影响范围，将危险化学品事故应急响应级别分为Ⅰ级（特别重大事故）响应、Ⅱ级（重大事故）响应、Ⅲ级（较大事故）响应、Ⅳ级（一般事故）响应。

出现下列情况时启动Ⅰ级响应：在化学品生产、经营、储存、运输、使用、废弃危险化学品处置等过程发生的火灾事故、爆炸事故、易燃、易爆、有毒物质泄漏事故，已经严重危及周边社区、居民的生命财产安全，造成或可能造成 30 人以上死亡，或 100 人以上中毒，或疏散转移 10 万人以上，或 1 亿元以上直接经济损失，或特别重大社会影响，事故事态发展严重，且亟待外部力量应急救援等。

出现下列情况时启动 II 级响应：在化学品生产、经营、储存、运输、使用、废弃危险化学品处置等过程发生的火灾事故、爆炸事故、易燃、易爆、有毒物质泄漏事故，已经危及周边社区、居民的生命财产安全，造成或可能造成 10～29 人死亡，或 50～100 人中毒，或 5 000 万～1 亿元直接经济损失，或重大社会影响等。

出现下列情况时启动 III 级响应：在化学品生产、经营、储存、运输、使用、废弃危险化学品处置等过程发生的火灾事故、爆炸事故、易燃、易爆、有毒物质泄漏事故，已经危及周边社区、居民的生命财产安全，造成或可能造成 3～9 人死亡，或 30～50 人中毒，或直接经济损失较大，或较大社会影响等。

出现下列情况时启动 IV 级响应：在化学品生产、经营、储存、运输、使用、废弃危险化学品处置等过程发生的火灾事故、爆炸事故、易燃、易爆、有毒物质泄漏事故，已经危及周边社区、居民的生命财产安全，造成或可能造成 3 人以下死亡，或 30 人以下中毒，或一定社会影响等。

6.3 预案管理与更新

省级安全生产应急救援指挥机构和有关应急保障单位，都要根据本预案和所承担的应急处置任务，制定相应的应急预案，报安全监管总局备案。本预案所依据的法律法规、所涉及的机构和人员发生重大改变，或在执行中发现存在重大缺陷时，由安全监管总局及时组织修订。安全监管总局定期组织对本预案评审，并及时根据评审结论组织修订。

6.4 预案解释部门

本预案由安全监管总局负责解释。

6.5　预案实施时间

本预案自发布之日起施行。

7　附件（略）

附录 2

生产经营单位生产安全事故应急预案
编制导则（GB/T 29639—2013）

1 范围

本标准规定了生产经营单位编制生产安全事故应急预案（以下简称应急预案）的编制程序、体系构成和综合应急预案、专项应急预案、现场处置方案以及附件。

本标准适用于生产经营单位的应急预案编制工作，其他社会组织和单位的应急预案编制可参照本标准执行。

2 规范性引用文件

下列文件对于本文件的应用是必不可少的。凡是注日期的引用文件，仅注日期的版本适用于本文件。凡是不注日期的引用文件，其最新版本（包括所有的修改单）适用于本文件。

GB/T 20000.4 标准化工作指南 第 4 部分：标准中涉及安全的内容

AQ/T 9007 生产安全事故应急演练指南

3 术语和定义

下列术语和定义适用于本文件。

3.1 应急预案 emergency plan

为有效预防和控制可能发生的事故，最大程度减少事故及其造成损害而预先制定的工作方案。

3.2 应急准备 emergency preparedness

针对可能发生的事故，为迅速、科学、有序地开展应急行动而预先进行的思想准备、组织准备和物资准备。

3.3　应急响应　emergency response

针对发生的事故，有关组织或人员采取的应急行动。

3.4　应急救援　emergency rescue

在应急响应过程中，为最大限度地降低事故造成的损失或危害，防止事故扩大，而采取的紧急措施或行动。

3.5　应急演练　emergency exercise

针对可能发生的事故情景，依据应急预案而模拟开展的应急活动。

4　应急预案编制程序

4.1　概述

生产经营单位应急预案编制程序包括成立应急预案编制工作组、资料收集、风险评估、应急能力评估、编制应急预案和应急预案评审6个步骤。

4.2　成立应急预案编制工作组

生产经营单位应结合本单位部门职能和分工，成立以单位主要负责人（或分管负责人）为组长，单位相关部门人员参加的应急预案编制工作组，明确工作职责和任务分工，制订工作计划，组织开展应急预案编制工作。

4.3　资料收集

应急预案编制工作组应收集与预案编制工作相关的法律法规、技术标准、应急预案、国内外同行业企业事故资料，同时收集本单位安全生产相关技术资料、周边环境影响、应急资源等有关资料。

4.4　风险评估

主要内容包括：

（1）分析生产经营单位存在的危险因素，确定事故危险源。

（2）分析可能发生的事故类型及后果，并指出可能产生的次生、衍生事故。

（3）评估事故的危害程度和影响范围，提出风险防控措施。

4.5 应急能力评估

在全面调查和客观分析生产经营单位应急队伍、装备、物资等应急资源状况的基础上开展应急能力评估，并依据评估结果，完善应急保障措施。

4.6 编制应急预案

依据生产经营单位风险评估以及应急能力评估结果，组织编制应急预案。应急预案编制应注重系统性和可操作性，做到与相关部门和单位应急预案相衔接。应急预案编制格式参见附录 A。

4.7 应急预案评审

应急预案编制完成后，生产经营单位应组织评审。评审分为内部评审和外部评审，内部评审由生产经营单位主要负责人组织有关部门和人员进行。外部评审由生产经营单位组织外部有关专家和人员进行评审。应急预案评审合格后，由生产经营单位主要负责人（或分管负责人）签发实施，并进行备案管理。

5 应急预案体系

5.1 概述

生产经营单位的应急预案体系主要由综合应急预案、专项应急预案和现场处置方案构成。生产经营单位应根据本单位组织管理体系、生产规模、危险源的性质以及可能发生的事故类型确定应急预案体系，并可根据本单位的实际情况，确定是否编制专项应急预案。风险因素单一的小微型生产经营单位可只编写现场处置方案。

5.2 综合应急预案

综合应急预案是生产经营单位应急预案体系的总纲，主要从总体上阐述事故的应急工作原则，包括生产经营单位的应急组织机构及职责、应急预案体系、事故风险描述、预警及信息报告、应急响应、保障措施、应急预案管理等内容。

5.3 专项应急预案

专项应急预案是生产经营单位为应对某一类型或某几种类型事

故，或者针对重要生产设施、重大危险源、重大活动等内容而制定的应急预案。专项应急预案主要包括事故风险分析、应急指挥机构及职责、处置程序及措施等内容。

5.4 现场处置方案

现场处置方案是生产经营单位根据不同事故类型，针对具体的场所、装置或设施所制定的应急处置措施，主要包括事故风险分析、应急工作职责、应急处置、注意事项等内容。生产经营单位应根据风险评估、岗位操作规程以及危险性控制措施，组织本单位现场作业人员及安全管理等专业人员共同编制现场处置方案。

6 综合应急预案主要内容

6.1 总则

6.1.1 编制目的

简述应急预案编制的目的。

6.1.2 编制依据

简述应急预案编制所依据的法律、法规、规章、标准、规范性文件、相关应急预案等。

6.1.3 适用范围

说明应急预案适用的工作范围和事故类型、级别。

6.1.4 应急预案体系

说明生产经营单位应急预案体系的构成情况，可用框图形式表述。

6.1.5 应急工作原则

说明生产经营单位应急工作的原则，内容应简明扼要、明确具体。

6.2 事故风险描述

简述生产经营单位存在或可能发生的事故风险种类、发生的可能性以及严重程度及影响范围等。

6.3 应急组织机构及职责

　　明确生产经营单位的应急组织形式及组成单位或人员，可用结构图的形式表示，明确构成部门的职责。应急组织机构根据事故类型和应急工作需要，可设置相应的应急工作小组，并明确各小组的工作任务及职责。

6.4　预警及信息报告

6.4.1　预警

　　根据生产经营单位检测监控系统数据变化状况、事故险情紧急程度和发展势态或有关部门提供的预警信息进行预警，明确预警的条件、方式、方法和信息发布的程序。

6.4.2　信息报告

　　信息报告程序主要包括：

　　（1）信息接收与通报

　　明确24小时应急值守电话、事故信息接收、通报程序和责任人。

　　（2）信息上报

　　明确事故发生后向上级主管部门、上级单位报告事故信息的流程、内容、时限和责任人。

　　（3）信息传递

　　明确事故发生后向本单位以外的有关部门或单位通报事故信息的方法、程序和责任人。

6.5　应急响应

6.5.1　响应分级

　　针对事故危害程度、影响范围和生产经营单位控制事态的能力，对事故应急响应进行分级，明确分级响应的基本原则。

6.5.2　响应程序

　　根据事故级别的发展态势，描述应急指挥机构启动、应急资源调配、应急救援、扩大应急等响应程序。

6.5.3　处置措施

针对可能发生的事故风险、事故危害程度和影响范围，制定相应的应急处置措施，明确处置原则和具体要求。

6.5.4 应急结束

明确现场应急响应结束的基本条件和要求。

6.6 信息公开

明确向有关新闻媒体、社会公众通报事故信息的部门、负责人和程序以及通报原则。

6.7 后期处置

主要明确污染物处理、生产秩序恢复、医疗救治、人员安置、善后赔偿、应急救援评估等内容。

6.8 保障措施

6.8.1 通信与信息保障

明确可为生产经营单位提供应急保障的相关单位及人员通信联系方式和方法，并提供备用方案。同时，建立信息通信系统及维护方案，确保应急期间信息通畅。

6.8.2 应急队伍保障

明确应急响应的人力资源，包括应急专家、专业应急队伍、兼职应急队伍等。

6.8.3 物资装备保障

明确生产经营单位的应急物资和装备的类型、数量、性能、存放位置、运输及使用条件、管理责任人及其联系方式等内容。

6.8.4 其他保障

根据应急工作需求而确定的其他相关保障措施（如经费保障、交通运输保障、治安保障、技术保障、医疗保障、后勤保障等）。

6.9 应急预案管理

6.9.1 应急预案培训

明确对生产经营单位人员开展的应急预案培训计划、方式和要求，使有关人员了解相关应急预案内容，熟悉应急职责、应急程序和现场处置方案。如果应急预案涉及社区和居民，要做好宣传教育、告知等工作。

6.9.2 应急预案演练

明确生产经营单位不同类型应急预案演练的形式、范围、频次、内容以及演练评估、总结等要求。

6.9.3 应急预案修订

明确应急预案修订的基本要求，并定期进行评审，实现可持续改进。

6.9.4 应急预案备案

明确应急预案的报备部门，并进行备案。

6.9.5 应急预案实施

明确应急预案实施的具体时间、负责制定与解释的部门。

7 专项应急预案主要内容

7.1 事故风险分析

针对可能发生的事故风险，分析事故发生的可能性以及严重程度、影响范围等。

7.2 应急指挥机构及职责

根据事故类型，明确应急指挥机构总指挥、副总指挥以及各成员单位或人员的具体职责。应急指挥机构可以设置相应的应急救援工作小组，明确各小组的工作任务及主要负责人职责。

7.3 处置程序

明确事故及事故险情信息报告程序和内容、报告方式和责任等内容。根据事故响应级别，具体描述事故接警报告和记录、应急指挥机构启动、应急指挥、资源调配、应急救援、扩大应急等应急响应程序。

7.4 处置措施

针对可能发生的事故风险、事故危害程度和影响范围，制定相应的应急处置措施，明确处置原则和具体要求。

8 现场处置方案主要内容

8.1 事故风险分析

主要包括：

(1) 事故类型。

(2) 事故发生的区域、地点、装置的名称。

(3) 事故发生的可能时间、事故的危害严重程度及其影响范围。

(4) 事故前可能出现的征兆。

(5) 事故可能引发的次生、衍生事故。

8.2 应急工作职责

根据现场工作岗位、组织形式及人员构成，明确各岗位人员的应急工作分工和职责。

8.3 应急处置

主要包括以下内容：

(1) 事故应急处置程序。分析可能发生的事故及现场情况，明确事故报警、各项应急措施启动、应急救护人员的引导、事故扩大及同生产经营单位应急预案的衔接的程序。

(2) 现场应急处置措施。针对可能发生的火灾、爆炸、危险化学品泄漏、坍塌、水患、机动车辆伤害等，从人员救护、工艺操作、事故控制，消防、现场恢复等方面制定明确的应急处置措施。

(3) 明确报警负责人以及报警电话及上级管理部门、相关应急救援单位联络方式和联系人员，事故报告基本要求和内容。

8.4 注意事项

主要包括：

(1) 佩戴个人防护器具方面的注意事项。

(2) 使用抢险救援器材方面的注意事项。

(3) 采取救援对策或措施方面的注意事项。

(4) 现场自救和互救注意事项。

(5) 现场应急处置能力确认、人员安全防护等事项。

(6) 应急救援结束后的注意事项。

(7) 其他需要特别警示的事项。

9　附件

9.1　有关应急部门、机构或人员的联系方式

列出应急工作中需要联系的部门、机构或人员的多种联系方式，当发生变化时及时进行更新。

9.2　应急物资装备的名录或清单

列出应急预案涉及的主要物资和装备名称、型号、性能、数量、存放地点、运输和使用条件、管理责任人和联系电话等。

9.3　规范化格式文本

应急信息接报、处理、上报等规范化格式文本。

9.4　关键的路线、标识和图纸

主要包括：

(1) 警报系统分布及覆盖范围。

(2) 重要防护目标和危险源一览表、分布图。

(3) 应急指挥部位置及救援队伍行动路线。

(4) 疏散路线、警戒范围、重要地点等的标识。

(5) 相关平面布置图纸、救援力量的分布图纸等。

9.5　有关协议或备忘录

列出与相关应急救援部门签订的应急救援协议或备忘录。

附录 A

应急预案编制格式

A.1　封面

应急预案封面主要包括应急预案编号、应急预案版本号、生产经营单位名称、应急预案名称、编制单位名称、颁布日期等内容。

A.2　批准页

应急预案应经生产经营单位主要负责人（或分管负责人）批准方可发布。

A.3　目次

应急预案应设置目次，目次中所列的内容及次序如下：

——批准页。

——章的编号、标题。

——带有标题的条的编号、标题（需要时列出）。

——附件，用序号表明其顺序。

A.4　印刷与装订

应急预案推荐采用 A4 版面印刷，活页装订。